"十二五"职业教育国家规划教材
经全国职业教育教材审定委员会审定
全国高等职业教育规划教材·精品与示范系列

院级精品课
配套教材

模具设计与制造
综合实训（第2版）

滕宏春　主　编

李宪军　滕冰妍　副主编

电子工业出版社
Publishing House of Electronics Industry
北京·BEIJING

内 容 简 介

本书根据教育部最新的高等职业教育教学改革要求，结合首批国家示范专业建设项目课程改革成果进行编写，全书按照模具企业的岗位技能需求，重点训练冲压模和注塑模设计技能。全书共分 7 个项目，项目 1 UG NX 8.0 软件模具设计基础，项目 2 典型产品设计，项目 3 注塑模设计，项目 4 冲模设计，项目 5 汽车地凸板拉深模设计，项目 6 下壳体产品模具设计，项目 7 防尘罩曲面凸模的数控加工。本书内容取材新颖，注重实用型和典型性，以 2 个塑料件、1 个钣金件和 1 个拉深件为教学载体，介绍工艺设计、模具结构设计、结构修改、数据转换等技巧。全书由简单到复杂，由单一到综合，循序渐进地完成任务设计。

本书为全国高等院校机电类专业模具设计实训课程或课程设计项目的教材，也可作为应用型本科、开放大学、成人教育、自学考试、中职学校、培训班的教材，以及机械工程技术人员的参考工具书。

本书配有免费的电子教学课件等，详见前言。

未经许可，不得以任何方式复制或抄袭本书之部分或全部内容。
版权所有，侵权必究。

图书在版编目（CIP）数据

模具设计与制造综合实训 / 滕宏春主编. —2 版. —北京：电子工业出版社，2014.8
全国高等职业教育规划教材. 精品与示范系列
ISBN 978-7-121-24076-8

Ⅰ. ①模… Ⅱ. ①滕… Ⅲ. ①模具－设计－高等职业教育－教材②模具－制造－高等职业教育－教材 Ⅳ. ①TG76

中国版本图书馆 CIP 数据核字（2014）第 187075 号

策划编辑：陈健德
责任编辑：刘真平
印　　刷：北京季蜂印刷有限公司
装　　订：北京季蜂印刷有限公司
出版发行：电子工业出版社
　　　　　北京市海淀区万寿路 173 信箱　邮编　100036
开　　本：787×1 092　1/16　印张：13.5　字数：345.6 千字
版　　次：2010 年 5 月第 1 版
　　　　　2014 年 8 月第 2 版
印　　次：2014 年 8 月第 1 次印刷
定　　价：32.00 元

凡所购买电子工业出版社图书有缺损问题，请向购买书店调换。若书店售缺，请与本社发行部联系，联系及邮购电话：（010）88254888。
质量投诉请发邮件至 zlts@phei.com.cn，盗版侵权举报请发邮件至 dbqq@phei.com.cn。
服务热线：（010）88258888。

前言

我国的制造业近年来得到快速发展，模具作为工业产品之母，是制造业基础性工艺装备。制造业发达国家都十分重视模具工业的发展，喻其为打开资源宝库的"金钥匙"、"进入富裕社会的动力"、点铁成金的"金属加工帝王"等。日本和美国的模具工业产值早已超过机床工业，模具设计与制造专业的人才培养备受重视。随着我国模具产业的快速发展，CAD技术已经在模具行业中得到普及应用，对模具设计人才的需求数量越来越大，各高等职业院校针对模具设计核心能力培养目标，在学习冲压、注塑成型工艺及模具设计和模具CAD/CAM的基础上，纷纷开设模具设计综合实训课程，通过将模具设计与CAD技术有机融合，用典型项目任务引领，学生完成不同难度的工作任务，达到使用三维软件设计模具的综合能力。

本书结合国家示范专业建设项目课程改革成果，根据职业岗位所需的关键能力，在"校企合作，工学结合"教学改革经验基础上，按照"项目引领，任务驱动"设计教学内容，采用"做学合一"的教学模式，形成实用性强、易教易学的课程特色，主要特点如下：

1. 以典型零件设计为例，简洁、系统地将模具设计技能训练贯穿于UG NX 8.0产品设计过程中。

2. 以UG NX 8.0模具模块设计流程为主线，以项目任务为载体，由简单到复杂，由单一到综合，循序渐进地完成模具设计任务。

3. 从材料选择、制品结构分析、工艺分析到模具设计，按照企业模具开发的技术流程来组织教学内容，使学生在完成课程学习过程中学会完成工作任务的方法，构建职业相关的知识体系，发展自身的职业能力。

本书由南京工业职业技术学院滕宏春教授任主编并负责统稿，江苏建筑职业技术学院李宪军和南京工业职业技术学院滕冰妍任副主编。具体编写分工为：滕宏春编写项目1~5，李宪军编写项目6，滕冰妍编写项目7。在编写过程中得到多家院校合作企业工程技术人员的大力支持并提出许多宝贵意见和建议，在此表示衷心感谢。

由于编者水平和时间有限，书中难免有不足之处，敬请读者批评指正。

为了方便教师教学，本书还配有免费的电子教学课件、练习题参考答案等资料，请有此需要的教师登录华信教育资源网（http://www.hxedu.com.cn）免费注册后再进行下载，有问题时请在网站留言或与电子工业出版社联系（E-mail：hxedu@phei.com.cn）。

编者

教学建议

模具设计综合实训项目任务，旨在让学生在了解产品（塑料件或冲压件）特性及结构工艺性、成型原理、典型模具结构及设计，以及模具设计流程的基础上，通过查阅有关设计资料及国家标准，综合应用所学内容，借助 CAD 软件，通过 4 周集中实训，完成从产品零件图到模具装配图、工程图的设计。

模具设计综合实训项目任务的实施，要按标准的现代模具设计流程进行。

实训主要内容	教学实施步骤	时间安排
1. 分小组，布置任务（塑料模具设计）	（1）模具设计综合实训介绍，布置本单元任务（1小时）； （2）分成 3 小组，给学生零件图（0.5 小时）； （3）学生读给定制件零件图，查阅资料，分析材料的成型工艺性（2.5 小时）	第 1 天上午
2. 制定塑件成型工艺	分析制件成型结构特点，制定成型工艺参数（2 小时）	第 1 天下午
3. 塑料模具设计方案制定	（1）讨论成型工艺方案（1 小时）； （2）给定制件模具设计方案制定（2 时）； （3）设计方案讨论（1 小时）	第 2 天上午
4. 教师点评与学生互动	（1）各小组提交设计方案（0.5 小时）； （2）小组汇报（1 小时）； （3）教师对方案合理性进行点评（0.5 小时）	第 2 天下午
5. 模具具体结构设计	（1）确定模具工作零件结构（2 小时）； （2）绘制模具结构设计草图（4 小时）	第 3 天
6. 机床校核及选择标准模架	（1）注射机校核（2 小时）； （2）合理选择标准模架及其他标准件（2 小时）	第 4 天上午
7. 答辩与评定成绩	（1）学生答辩（1 小时）； （2）教师点评模具结构合理性、模具设计要点（0.5 小时）； （3）本单元成绩评定（0.5 小时）	第 4 天下午
8. 制件三维建模	（1）UG NX 8.0 软件基本操作训练（2 小时）； （2）给定工件数字化建模（4 小时）	第 5 天
9. 模具成型零件三维设计	UG NX 8.0 模具成型零件三维设计（6 小时）	第 6 天
10. 加载标准模架	（1）标准模架选择，加载（3 小时）； （2）模架基本零件尺寸修改（3 小时）	第 7 天
11. 附件添加	（1）浇注系统设计及附件添加； （2）冷却系统设计及附件添加； （3）其他	第 8 天
12. 模具装配工程图	（1）三维装配图生成二维工程图（4 小时）； （2）图面标注及技术要求； （3）标题栏整理	第 9 天

续表

实训主要内容	教学实施步骤	时间安排
13. 模具零件工程图	模具成型零件工程图设计、标准（4小时）	第10天上午
14. 答辩与评定成绩	（1）学生答辩（1小时）； （2）教师点评模具结构合理性、模具设计要点（0.5小时）； （3）本单元成绩评定（0.5小时）	第10天下午
15. 分小组，布置任务（冲压模具设计）	（1）模具设计综合实训介绍，布置本单元任务（1小时）； （2）分成3小组，给学生零件图（0.5小时）； （3）学生读给定制件零件图，查阅资料，分析其结构冲压工艺性及材料的工艺性能（2.5小时）	第11天上午
16. 制定冲压成形工艺	分析制件结构特点，制定冲压工艺（2小时）	第11天下午
17. 冲压模具设计方案制定	（1）讨论冲压工艺方案（1小时）； （2）给定制件模具设计方案制定（2时）； （3）设计方案讨论（1小时）	第12天上午
18. 教师点评与学生互动	（1）各小组提交设计方案（0.5小时）； （2）小组汇报（1小时）； （3）教师对方案合理性进行点评（0.5小时）	第12天下午
19. 模具具体结构设计	（1）确定模具主要结构（2小时）； （2）绘制模具结构设计草图（4小时）	第13天
20. 机床校核及选择标准模架	（1）冲床校核（2小时）； （2）合理选择标准模架及其他标准件（2小时）	第14天上午
21. 答辩与评定成绩	（1）学生答辩（1小时）； （2）教师点评模具结构合理性、模具设计要点（0.5小时）； （3）本单元成绩评定（0.5小时）	第14天下午
22. 制件三维建模	（1）UG NX 8.0软件基本操作训练（2小时）； （2）制件三维模型设计（4小时）	第15天
23. 创建模具总装配图	（1）创建总装配体和子组件； （2）各级模具零件设计	第16天 第17天
24. 附件添加	附件添加	第18天
25. 模具装配工程图	（1）三维装配图生成二维工程图（4小时）； （2）图面标注及技术要求； （3）标题栏整理	第19天
26. 模具零件工程图	模具成型零件工程图设计、标注（4小时）	第20天上午
27. 答辩与评定成绩	（1）学生答辩（1小时）； （2）教师点评模具结构合理性、模具设计要点（0.5小时）； （3）本单元成绩评定（0.5小时）	第20天下午

目 录

项目 1　UG NX 8.0 软件模具设计基础 1
教学导航 1
任务 1-1　注塑模 Moldwizard 设计基本操作 2
　　1-1-1　Moldwizard 模具设计菜单 2
　　1-1-2　注塑模具向导的结构组成 4
　　1-1-3　注塑模设计流程 5
任务 1-2　PDW 级进模设计基本操作 10
　　1-2-1　PDW 设计的一般流程 10
　　1-2-2　锁片支架级进模设计 11
思考与操作题 1 30

项目 2　典型产品设计 31
教学导航 31
　　任务 2-1　旋钮产品设计 32
　　任务 2-2　侧弯支架产品设计 38
　　任务 2-3　下壳体产品设计 45
　　任务 2-4　地凸板产品设计 73
思考与操作题 2 77

项目 3　注塑模设计 78
教学导航 78
任务 3-1　学习注塑模设计基础 79
　　3-1-1　塑料材料性能和成型性 79
　　3-1-2　塑料的主要成型方法 81
　　3-1-3　塑料制品设计过程 82
　　3-1-4　注塑模具基本结构 84
任务 3-2　旋钮注塑模设计 89
思考与操作题 3 112

项目 4　冲模设计 116
教学导航 116
任务 4-1　学习冲模设计基础 117
　　4-1-1　冲压模具的结构特点 117

· VII ·

    4-1-2 冲压工艺与模具设计 ··· 122
  任务 4-2 侧弯支架级进模设计 ·· 123
    4-2-1 零件预处理 ··· 124
    4-2-2 初始化项目 ··· 126
    4-2-3 毛坯生成 ·· 127
    4-2-4 毛坯布局 ·· 127
    4-2-5 废料设计 ·· 128
    4-2-6 排样 ··· 132
    4-2-7 冲压力计算 ··· 134
    4-2-8 设计模架 ·· 135
  思考与操作题 4 ·· 135

项目 5 汽车地凸板拉深模设计 ·· 137

  教学导航 ·· 137
    任务 5-1 创建地凸板零件 ··· 138
    任务 5-2 拉伸毛坯设计 ··· 140
    任务 5-3 地凸板拉延凸凹模装配 ··· 145
  思考与操作题 5 ·· 149

项目 6 下壳体产品模具设计 ··· 152

  教学导航 ·· 152
    任务 6-1 模具成型零件设计 ··· 153
    任务 6-2 添加模架和标准件 ··· 168
    任务 6-3 添加模具冷却系统 ··· 186
  思考与练习题 6 ·· 191

项目 7 防尘罩曲面凸模的数控加工 ·· 193

  教学导航 ·· 193
    任务 7-1 防尘罩曲面凸模加工自动编程 ··································· 194
    任务 7-2 曲面凸模零件数控加工 ··· 203
  思考与操作题 7 ·· 207

项目 1
UG NX 8.0 软件模具设计基础

教学导航

教	知识重点	注塑模 Moldwizard 设计流程和级进模设计流程
	知识难点	装配文件的组成结构
	推荐教学方式	软件演示与理论教学相结合
	建议学时	4～6 学时
学	推荐学习方法	学做合一
	必须掌握的理论知识	UG NX 8.0 产品三维设计的基本理论
做	必须掌握的技能	Moldwizard 建模方法和级进模设计方法

任务 1-1　注塑模 Moldwizard 设计基本操作

Moldwizard 是 UG NX 软件中设计注塑模的专业模块，可以提供快速、全相关的、3D 实体的解决方案。Moldwizard 为模具设计的型芯、型腔、滑块、推杆、嵌件等提供了进一步的建模工具，使模具设计变得更加简捷、容易，它的最终结果是创建出与产品参数相关的三维模具，并能用于加工。

Moldwizard 的模架库及其标准件库包含参数化的模架装配结构和模具标准件，模具标准件中还包含滑块（Slides）、内滑块（Lifters），并通过 Standard parts 功能用参数控制所选用的标准件在模具中的位置。用户还可根据需要自定义和扩展 Moldwizard 的库，并不需要编程的基础知识。

1-1-1　Moldwizard 模具设计菜单

单击"开始"→"所有应用模块"→"注塑模向导"按钮，打开如图 1-1 所示的"注塑模向导"工具栏。

图 1-1　"注塑模向导"工具栏

1）初始化项目

模具设计过程由载入产品模型开始，打开一个产品模型文件，在"注塑模向导"工具栏中单击"初始化项目"按钮，设定必要的参数，如项目单位选择"毫米"，配置选择"默认"，其中，配置文件选择不同，在后面的操作中就会不同，材料选择"ABS"等，"确定"后即完成了项目初始化。

2）模具设计验证

验证产品模型和模具设计的详细信息。

3）多腔模设计

"多腔模设计"用于定义多个塑件在一副模具中的位置关系。加载多个产品模型，生成不同设计的多个产品的模具。注塑模向导会自动排列多腔模项目到装配结构中，每个部件和它的相关文件放到不同的分支下。

4）模具 CSYS

模具坐标系功能能实现重新定位产品模型，以把它们放置到模具装配中正确的位置上。任何时候都可以重新单击"模具 CSYS"图标，重新编辑模具坐标系。模具坐标系的原点必须是模架分型面的中心，且+ZC 方向指向喷嘴。当使用"产品实体中心"和"选定面中心"命令时，必须先取消"锁定"选项，然后选取产品模型或边界面后再选取"锁定"选项，否则模具坐标系不会应用到产品体的中心和边界面的中心。

项目1 UG NX 8.0软件模具设计基础

5）收缩率

"收缩率"是一个比例系数，根据塑料性能和产品的结构特征设置了 3 种比例类型，包括"均匀的"、"轴对称"、"一般"。在任何时候都可以通过"收缩率"命令来修改产品模型的放大比例。

6）工件

"工件"功能用于定义型腔和型芯的镶块体。

7）型腔布局

"型腔布局"功能可以添加、移除和重定位模具装配结构里的分型组件。

8）注塑模工具

"注塑模工具"可以创建一些曲面和实体，修补孔、槽或其他的结构特征，这些特征影响着分模过程。

9）模具分型工具

"模具分型工具"将各分型子命令组织成逻辑连续的步骤，并允许用户自始至终使用整个分型功能。

10）模架库

"模架库"功能可以为注塑模向导过程配置模架，并定义模架。

11）标准部件库

"标准部件库"是一个管理标准件的系统，包含经常使用的组件库。

12）顶杆后处理

"顶杆后处理"功能可以改变标准件功能创建的顶杆长度并设置配合的距离。在用标准件创建顶杆时，必须选择一个比要求值长的顶杆，才可以将它调整到合适的长度。

13）滑块和浮升销库

"滑块和浮升销库"提供了一个便于设计滑块和抽芯的功能。

14）子镶块库

"子镶块库"提供不同类型的标准的镶块，用于型腔或型芯容易发生消耗的区域，也可以用于简化型腔和型芯的加工。

15）浇口库

"浇口库"提供不同类型的浇口。

16）流道

"流道"功能可以创建和编辑流道的路径及截面。

17）模具冷却工具

"模具冷却工具"功能提供模具装配形式的冷却通道。

18）电极

"电极"用于不适应或不能用铣削方式加工的模具型腔部分的制作。

19）修边模具组件

"修边模具组件"功能可以自动修剪相关的镶块、电极、标准件来形成型腔或型芯。

20）腔体

"腔体"功能是将标准件中的 FALSE 体链接到目标体部件中并从目标体中减掉。

21）物料清单

包含具有类别排序信息的完全相关的零件明细表的功能。

22）装配图纸

创建工程图。

23）孔表

将模具工件实体上的孔进行列表，记录各个孔的尺寸和位置信息。

24）视图管理器

"视图管理器"用于模具构件的可见性控制、颜色编辑、更新控制，以及打开或关闭文件的管理功能。

25）概念设计

可以对模具设计过程中的一些组件进行创造性的改进。

1-1-2 注塑模具向导的结构组成

Moldwizard 创建的文件是一个装配文件，这个自动产生的装配结构是复制了隐藏在 Moldwizard 内部的种子装配，该种子装配是用 UG 的高级装配和 WAVE 链接器所提供的部件间参数关联的功能建立的，专门用于复杂模具装配的管理。其结构如图 1-2 所示。

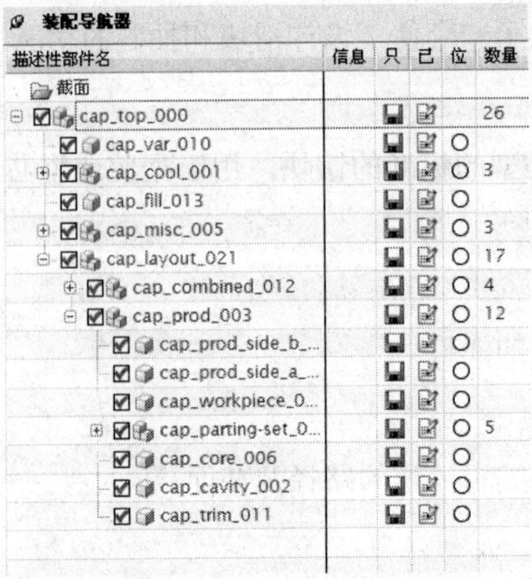

图 1-2 装配导航器

图 1-2 所示的装配结构中"cap"是产品模型的文件名；其余特定文件的命名形式为"cap.部件或节点名称"如"cap_top_000"是整个装配文件的顶层文件，包含了完整模具所需的全部文件。各部件或节点的含义如表 1-1 所示。

表 1-1 各部件或节点的含义

节点名称	描述
Layout 节点	Layout（布局）节点用于排列 Prod 节点位置，Prod 节点包含型腔、型芯在模架中的位置。多模腔的 Layout 节点有多个分支来安排每一个 Prod 节点
Misc 节点	Misc 节点用于安装没有定义到单独部件的标准件。Misc 节点下的组件为模架上的组件，如定位环、锁模块和支撑柱。 Misc 节点分为两个部分：side-a 对应的是模具定模侧的组件；side-b 对应的是动模侧的组件。这样可以让两个设计者在同一个工程上设计
Fill 节点	Fill 节点用于创建浇道和浇口的实体。这些实体用于在模架板和型腔、型芯上用创建腔体功能来生成腔体
Cool 节点	Cool 节点用于创建冷却管道的实体。这些实体在模架板和型腔、型芯上用于创建腔体功能来生成腔体。冷却管道的标准件也会默认使用该节点。 Cool 节点分开为两个部分：side-a 对应的是模具定模侧的组件；side-b 对应的是动模侧的组件。这样可以让两个设计者在同一个工程上设计
Prod 节点	Prod 节点将单独的特定部件文件集合成一个装配的子组件。特定部件包括收缩件、型腔、型芯，以及顶节点。多腔模可以使用 Prod 节点的阵列，再利用所用的 Prod 节点下已经做好的子组件。Prod 节点也可以放置与塑胶产品部件相关的特定部件的标准件组件，如顶针、镶针、滑块及斜顶等。 Prod 节点分开为两个部分：side-a 对应的是模具定模侧的组件；side-b 对应的是动模侧的组件。这样可以让两个设计者在同一个工程上设计
产品模型	注塑模向导使用一个全相关的几何链接复制装配，能保持产品模型的原始定位
Molding 部件	Molding 部件包含一个产品模型的几何链接的复制件。模具特征都会添加到该组件里，使产品模型具有成型性。如果有新产品版本的产品交换进来，甚至产品模型由别的 CAD 系统转入，这些模具特征不会受到如收缩率改变的影响并保持完全相关性
Shrink 部件	Shrink 部件包含一个产品模型的几何链接的复制件。通过比例功能给链接体加入一个收缩系数。可以在任何时候修改该收缩系数
Parting 部件	Parting 部件包含一个收缩体的几何链接复制件，以及一个用于创建型腔、型芯块的工件。分型面将在该部件里生成
Cavity 部件	Cavity 部件是收缩部件的几何链接的一部分
Core 部件	Core 部件是收缩部件的几何链接的一部分
Trim 部件	Trim 节点包含用模具修剪功能得到的几何体。在裁剪部件里的型腔、型芯的链接区域，用于裁剪电极和镶块、滑块面等
Var 部件	Var 部件包含模架和标准件里用到的表达式。标准件里用到的标准数值会存储在该部件里

1-1-3 注塑模设计流程

UG 中设计模具是指在建模模块下，运用 Moldwizard 进行注塑模设计得到型芯、型腔和模架的过程，在操作过程中涉及很多专业术语，下面以圆盖为例介绍模具设计过程，圆盖零件图如图 1-3 所示。

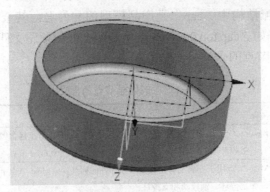

图 1-3　圆盖零件图

（1）打开圆盖零件 cap.prt，单击 开始· 按钮，从下拉菜单中选择"所有应用模块"中的注塑模向导，如图 1-1 所示。单击 初始化项目 按钮，系统打开"初始化项目"对话框，如图 1-4 所示，单击"确定"按钮。单击 模具CSYS 按钮，系统打开"模具 CSYS"对话框，如图 1-5 所示，选中"产品实体中心"、"锁定 Z 位置"选项，单击"确定"按钮。

图 1-4　初始化项目

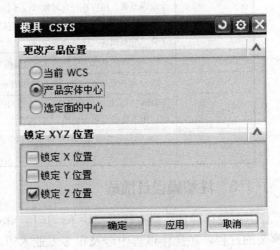

图 1-5　模具 CSYS

项目1 UG NX 8.0 软件模具设计基础

（2）单击"注塑模向导"工具栏中的 按钮，系统打开"缩放体"对话框，如图 1-6 所示，选中"均匀"，比例因子数值为"1.006"，单击"确定"按钮。单击 按钮，系统打开"工件"对话框，如图 1-7 所示，选中"产品工件"、"用户定义的块"，修改极限值，单击"确定"按钮。

图 1-6 缩放体

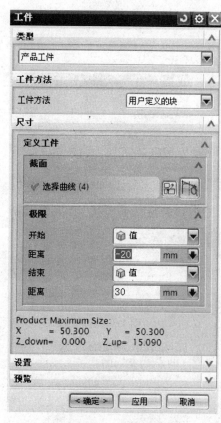
图 1-7 工件

（3）单击 按钮，系统打开"模具分型工具"对话框进行型芯和型腔创建，如图 1-8 所示。单击 按钮，系统打开"检查区域"对话框，如图 1-9 所示，选中"计算"单击计算器标识，系统开始对产品模型进行分析计算；选中"面"选项卡，如图 1-10 所示。

可以查看分析结果，选中"区域"选项卡，如图 1-11 所示，取消选中"内环"、"分型边"、"不完整的环" 3 个复选框，单击"设置区域颜色"按钮 ，设置各区域颜色，未定义区域 1 个，选交叉面为型腔，单击"确定"按钮。单击 按钮，系统打开"定义区域"对话框，如图 1-12 所示，选中"所有面"，选中"创建区域"、"创建分型线"复选框，单击"确定"按钮，创建结果如图 1-13 所示。

图 1-8 模具分型工具

图 1-9　检查区域

图 1-10　检查区域"面"

图 1-11　检查区域"区域"

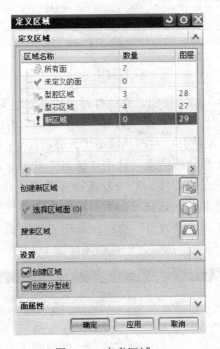

图 1-12　定义区域

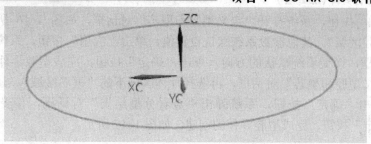

图 1-13 创建分型线

（4）单击 按钮，系统打开"设计分型面"对话框，如图 1-14 所示，在创建分型面方法中选中"有界平面" ，在"分型面长度"文本框中输入值 100，然后按 Enter 键，单击"确定"按钮，创建分型面如图 1-15 所示。

图 1-14 设计分型面

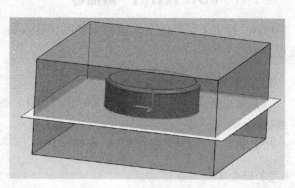

图 1-15 创建分型面

(5)单击按钮,系统打开"定义型腔和型芯"对话框,如图 1-16 所示,选择片体区域中的"型腔区域",其他参数系统默认设置值,单击"应用"按钮,系统弹出"查看分型结果"对话框,接受系统默认的方向,单击"确定"按钮,完成型腔零件的创建。此时系统返回"定义型腔和型芯"对话框,再选择片体区域下的"型芯区域",其他参数系统默认设置值,单击"确定"按钮,系统弹出"查看分型结果"对话框,接受系统默认的方向,单击"确定"按钮,完成型腔零件的创建,如图 1-17 所示。

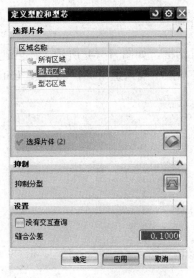

图 1-16 定义型腔和型芯

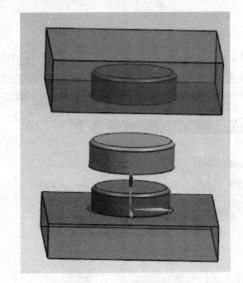

图 1-17 型腔

任务 1-2 PDW 级进模设计基本操作

PDW(Progressive Die Wizard)是基于 NX 开发的、针对级进模设计的专业模块,它是一套专家系统,融合了行业中诸多的经验知识,提供了全流程的解决方案。通过智能化的设计流程,它将引导用户进入级进模设计的各个阶段,完成复杂工艺定义,极大地缩短了从设计到制造的时间,最大化地提高了生产的效率。

1-2-1 PDW 设计的一般流程

PDW 提供了标准的工作流程来辅助设计人员完成模具设计的工作,下面是基本的工作流程。

1)数据的导入处理

(1)如果钣金零件非 UG NX 8.0 软件设计,则需要利用 NX 的文件导入功能,导入零件数据。

(2)将导入的数据进行缝合,获得实体。

2)钣金零件准备

(1)检查、分析零件模型,修复问题区域。

（2）创建零件的各个中间工艺状态。

3）工艺设计
（1）项目初始化。
（2）进行毛坯的布局，指定条料的步距和宽度。
（3）设计废料，确定导正的方式。
（4）进行条料排样，获得3D的仿真结果。

4）结构设计
（1）安装模架，进行模板的拆分。
（2）设计冲裁凸模、凹模及型腔废料孔。
（3）设计折弯凸凹模。
（4）设计成型凸凹模。
（5）设计翻空凸凹模。
（6）为凸模设计强度增强的结构，以及用于安装固定凸凹模的结构。
（7）安装各种标准零件。

5）细节设计
（1）创建让位槽。
（2）创建腔体。

6）模具验证
（1）进行静态干涉检查，检查在模具的合模状态下是否存在干涉。
（2）进行动态检查，检查在模具的工作状态下是否存在干涉。

7）工程图纸
（1）制作物料清单。
（2）绘制装配图纸和组件图纸。

1-2-2 锁片支架级进模设计

锁片支架零件图如图 1-18 所示，材料为 08AL，厚度为 0.5 mm，采用分段切除多段式级进模，应用 PDW 进行设计。图 1-19 所示是锁片支架展开坯料图，分析后确定由 8 个工位完成，第一工位是冲导正钉孔，第二工位是冲 2×ϕ1.8 mm 孔，第三工位是冲切两端局部废料，第四工位是冲两工件间的分段槽废料，第五工位是空位，第六工位是弯曲，第七工位是冲中部 3 mm×12 mm 长方孔，第八工位冲裁体，其排样图如图 1-20 所示。

图 1-18 锁片支架零件图

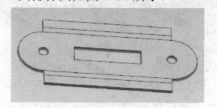

图 1-19 锁片支架展开坯料图

模具设计与制造综合实训（第2版）

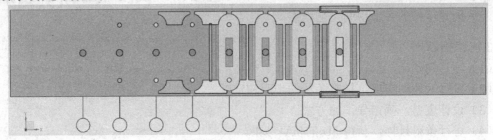

图 1-20　锁片支架级进模条料排样

1. 设计前准备

将图 1-18 所示的锁片支架钣金零件 suopian.prt 和图 1-19 所示锁片支架展开坯料命名 suopian-blank.prt 复制到文件夹 suopian-mold 中。

在 UG8.0 下打开 suopian.prt，单击 文件(F) 按钮，从下拉菜单中选择"另存为"，名为 "suopian-blank"，单击 插入(S) 按钮，从下拉菜单中选择"成形中 伸直(U)..."，弹出对话框，如图 1-21 所示，在固定面或边下，选择如图 1-22 所示面，在折弯下，选择如图 1-23 所示的要展开的直角面，再选择如图 1-24 所示的另一要展开的直角面，单击"确定"按钮后展开毛坯，保存。

图 1-21　伸直

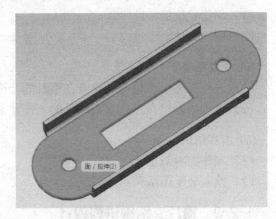

图 1-22　选择固定面

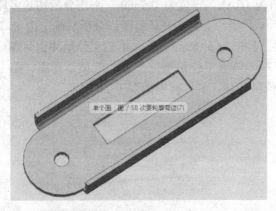

图 1-23　折弯面

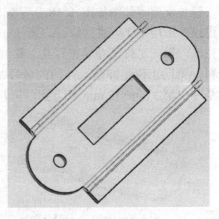

图 1-24　另一折弯面

项目1 UG NX 8.0软件模具设计基础

打开"钣金工具"对话框，如图1-25所示，单击 按钮，系统弹出"直接展开"对话框，如图1-26所示，类型选择"识别折弯"，单击"应用"按钮，创建中间工步，如图1-27所示，单击"确定"按钮，中间工步的装配结构如图1-28所示。单击"钣金工具"中的 按钮，系统弹出"折弯操作"对话框，如图1-29所示，将final-3和final-4伸直，如图1-30所示，双击顶层节点 suopian_top，保存。

图1-25 "钣金工具"对话框

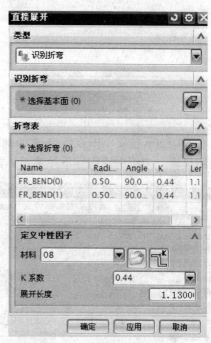

图1-26 "直接展开"对话框

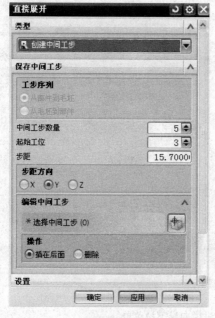

图1-27 创建中间工步

图1-28 中间工步的装配结构

模具设计与制造综合实训（第2版）

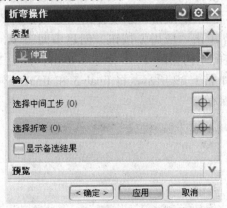

图 1-29　伸直

图 1-30　第四和第五步伸直

在 窗口(O) 下拉菜单中重新选择 suopian.prt，单击 开始▼ 按钮，从下拉菜单中选择"所有应用模块"中级进模向导下拉菜单，如图 1-31 所示，级进模向导如图 1-32 所示。

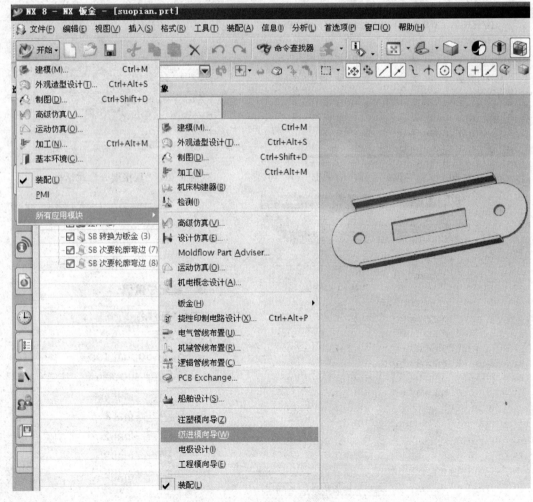

图 1-31　级进模向导下拉菜单

项目 1　UG NX 8.0 软件模具设计基础

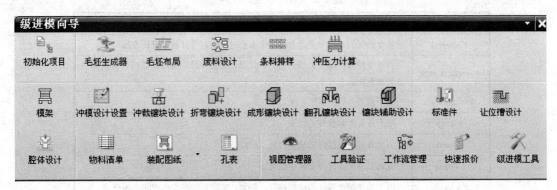

图 1-32　级进模向导

2. 初始化项目

单击 按钮，系统弹出"初始化项目"对话框，如图 1-33 所示，单击"确定"按钮。系统根据指定的项目模板进行装配克隆，为设计项目建立相对应的装配结构，如图 1-34 所示。表 1-2 列出了各个节点的主要作用。

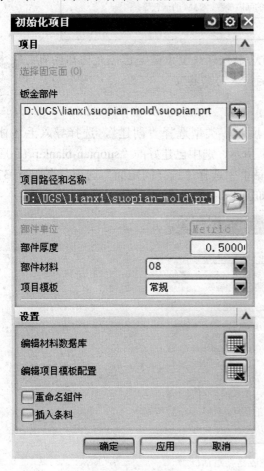

图 1-33　初始化项目

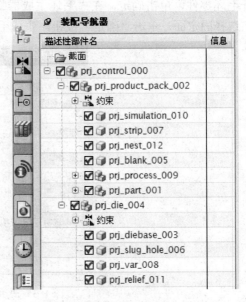

图 1-34　项目装配结构

15

表 1-2 装配节点的说明

装 配 节 点	描　　述
*-control	整个装配的顶层节点。在打开本节点时，即可打开整个设计项目
*-product-pack	用于管理与产品工艺设计有关的信息，包括零件、毛坯、排样、仿真等节点均放置在该节点下
*-simulation	用于放置条料仿真的结果
*-strip	用于放置条料排样的结果
*-nest	用于放置毛坯排样的数据结果
*-blank	在该节点下放置钣金零件的毛坯
*-process	用于管理钣金零件的成形形状，例如，装配结构形式的中间工步节点
*-part	在该节点下放置原始的钣金零件
*-die	仿真结果、让位槽实体、条料排样及模架和凸凹模等所有的模具零件均放置在该节点下
*-diebase	用于管理模架数据，例如，各块模板、导柱、导套和螺钉等
*-slug-hole	用于管理废料孔数据
*-var	在该节点下保存了用于挖腔的间隙参数、CAM 的信息等
*-relief	用于放置让位槽实体

注意：在项目初始化之前，需要先检查 NX 的默认设置中是否已经允许部件间关联建模，设置步骤为从下拉菜单中选择"文件"中的"实用工具"。

3．毛坯生成

单击 按钮，弹出对话框，如图 1-35 所示，类型选择"创建"，选择导入毛坯体 ，打开"suopian-mold"文件夹，如图 1-36 所示，选中已建好的"suopian-blank.prt"展开毛坯零件，单击确定，在"毛坯生成器"对话框中选择"选择固定面"选项，在图 1-37 中选择固定面，单击"确定"按钮，生成毛坯如图 1-38 所示。

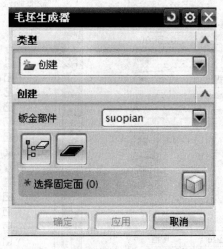

图 1-35　"毛坯生成器"对话框

项目1 UG NX 8.0 软件模具设计基础

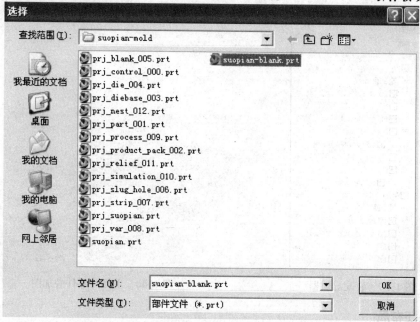

图1-36 "suopian-mold"文件夹

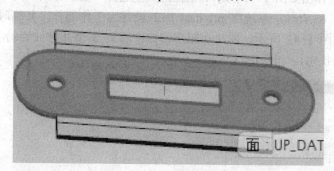

图1-37 选择固定面

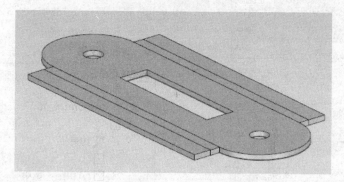

图1-38 生成毛坯

观察装配导航器如图1-39所示，prj_blank_005节点下放置毛坯suopian-blank，实际上系统是将钣金零件中的实体通过WAVE链接放置到此节点中。选中prj_part_001节点下的suopian，可以看到叠加在毛坯上的初始化的毛坯，如图1-40所示。

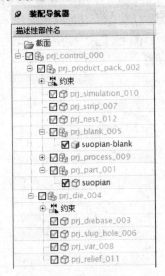

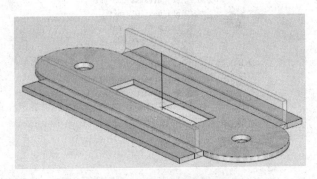

图1-39 装配导航器　　　　　　　　图1-40 毛坯与零件叠加图

4．毛坯布局

单击按钮，弹出如图1-41所示对话框，类型选择"创建布局"，步距为15.7，宽度为36，材料利用率为63.76%。系统将prj_nest_012设置为工作部件，并临时复制3个毛坯放置在该节点下，如图1-42所示，同时在图形窗口中看到3个并排放置的毛坯，中间的毛坯处于高亮被选中的状态，如图1-43所示。

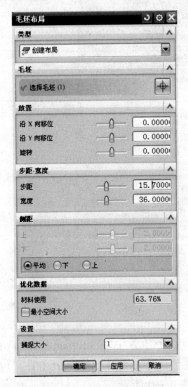

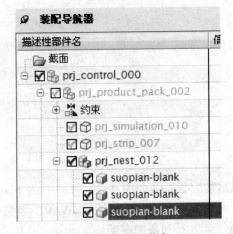

图1-41 "毛坯布局"对话框　　　　　　图1-42 nest节点

项目1　UG NX 8.0 软件模具设计基础

双击顶层节点 prj_control_000，将其设置为工作部件，如图 1-44 所示，然后在标准工具条上单击"保存"按钮，使系统保存装配中的所有文件。

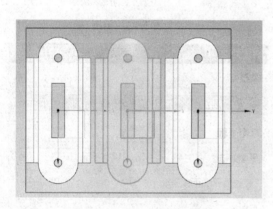

图 1-43　单排布置的结果

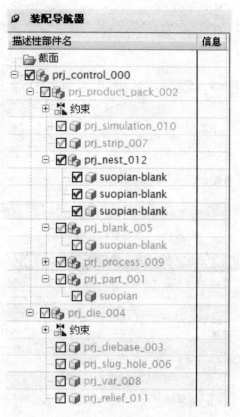

图 1-44　prj_control_000 为工作部件

5. 废料设计

利用废料设计工具设计冲裁废料的形状及类型，同时指定其所在工步，可以按工艺要求，为废料设计重叠、过切，所有的废料都以片体的形式存在，并被放置到*-nest 文件中。

单击 按钮，弹出如图 1-45 所示的对话框，类型包括"创建"、"编辑"、"附件"、"分组"，如图 1-46 所示。废料创建的方法包括 毛坯边界+草图、 孔边界、 封闭曲线、 现有片体，废料编辑方法包括 拆分、 合并、 应用的最小半径、 更改工位，在附件的废料工艺处理方法中包括 重叠、 过切、 修剪、 用户定义，废料分组是将不同工序的废料定义不同的颜色。

（1）第一工步导正孔设计，在"废料设计"对话框中类型选择"创建"，方法选择 封闭曲线，"废料设计"对话框如图 1-47 所示，在设置中选中导正孔，工位号选择 1，选择曲线单击 绘制曲线按钮，弹出"创建草图"对话框，如图 1-48 所示。选择如图 1-49（a）所示的草图平面，单击"确定"按钮，绘制圆，直径φ2.8 mm，如图 1-49（b）所示。单击 完成草图按钮，系统回到"废料设计"对话框，单击"应用"按钮，完成第一工步导正孔设计，如图 1-49（c）所示。

图 1-45 "废料设计"对话框

图 1-46 类型

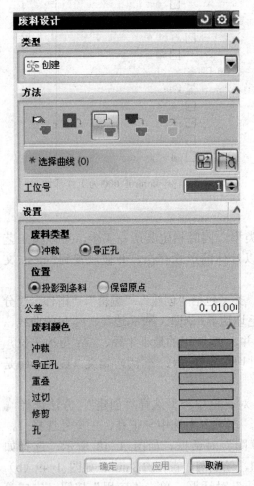

图 1-47 创建导正孔

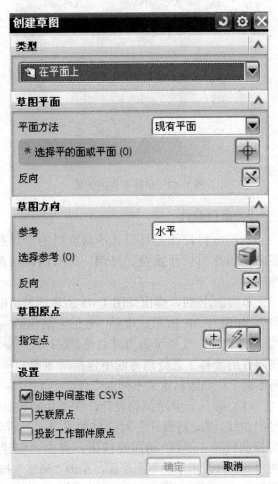

图 1-48 创建草图

项目 1　UG NX 8.0 软件模具设计基础

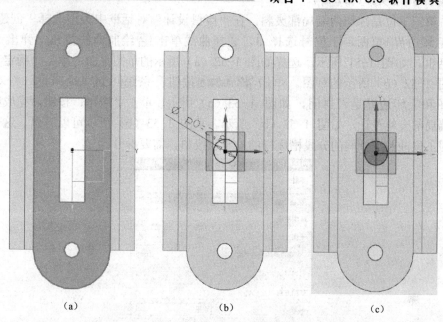

(a)　　　　　　　　　(b)　　　　　　　　　(c)

图 1-49　导正孔设计

（2）第二工位冲 2×ϕ1.8 mm 孔，在"废料设计"对话框中类型选择"创建"，方法选择 封闭曲线，工位号选择 2，单击"应用"按钮，如图 1-50 所示，此时系统自动创建冲裁废料，除了 2×ϕ1.8 mm 孔外，还包括在第七工步的 3 mm×12 mm 的方孔，将在后面"条料排样"中调整。

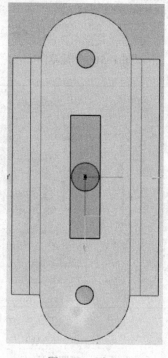

图 1-50　冲孔

21

（3）第三工位是冲切两端局部废料，在"废料设计"对话框中类型选择"创建"，方法选择 毛坯边界+草图，工位号选择 3，选择曲线单击 绘制曲线按钮，弹出"创建草图"对话框，如图 1-51 所示。选择如图 1-52（a）所示的草图平面，单击"确定"按钮，绘制如图 1-52（b）所示的草图。单击 完成草图 按钮，系统回到"废料设计"对话框，检查草图和毛坯边界是否封闭，如图 1-53（a）所示，单击"应用"按钮，完成第三工步冲切两端局部废料设计，如图 1-53（b）所示。从图 1-53（b）所示可以看出，这个废料包含了第四工位冲两工件间的分段槽废料的一整块废料，需要拆分。

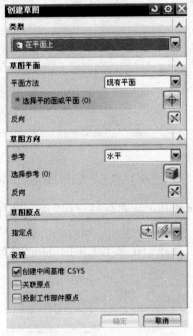

图 1-51 创建草图

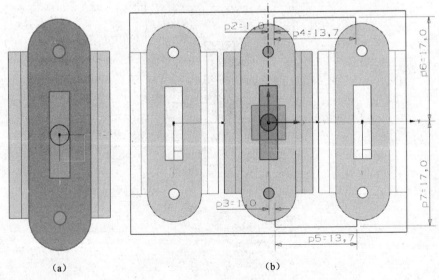

(a)　　　　　　　　　　　(b)

图 1-52 草图设计

项目1 UG NX 8.0 软件模具设计基础

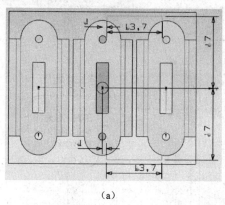
(a)

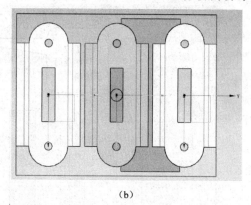
(b)

图1-53 冲切两端局部废料设计

（4）第四工位是冲两工件间的分段槽废料，在"废料设计"对话框中类型选择"编辑"，方式选择 拆分，如图1-54（a）所示，选择废料如图1-54（b）所示，选择拆分曲线单击 绘制曲线按钮，绘制如图1-54（c）所示的拆分直线。单击 完成草图按钮，系统回到"废料设计"对话框，单击"应用"按钮，重复上面步骤，选择废料如图1-54（d）所示，选择拆分曲线单击 绘制曲线按钮，绘制如图1-54（e）所示的拆分直线。单击 完成草图按钮，系统回到"废料设计"对话框，单击"应用"按钮，完成废料拆分，如图1-55所示。

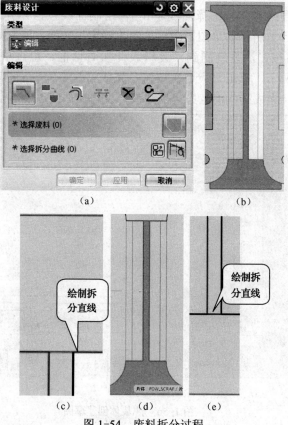

图1-54 废料拆分过程

23

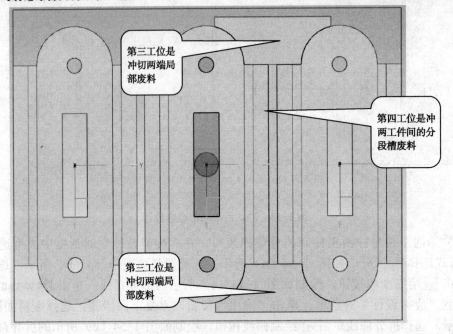

图 1-55　废料拆分结果

（5）第八工位冲裁体，在"废料设计"对话框中类型选择"创建"，方法选择毛坯边界+草图，工位号选择 8，选择曲线单击绘制曲线按钮，弹出"创建草图"对话框。选择如图 1-56（a）所示的草图平面，单击"确定"按钮，绘制如图 1-56（b）所示的草图，单击完成草图按钮，系统回到"废料设计"对话框，检查草图和毛坯边界是否封闭，如图 1-56（c）所示，单击"应用"按钮，完成第八工步一半冲裁体设计，如图 1-57 所示。重复上述步骤，完成第八工步另一半冲裁体设计，如图 1-58 所示。

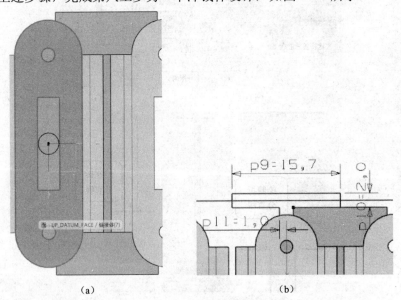

图 1-56　冲裁体创建草图

项目1 UG NX 8.0 软件模具设计基础

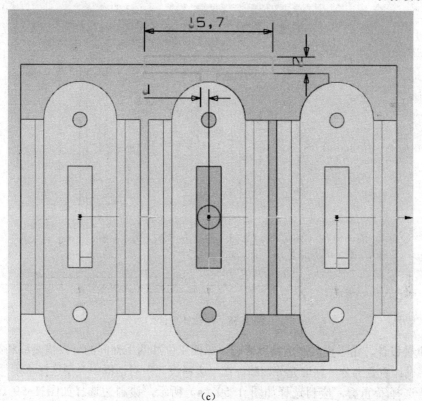

(c)

图 1-56 冲裁体创建草图（续）

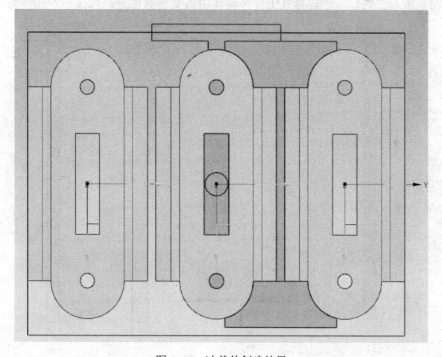

图 1-57 冲裁体创建结果

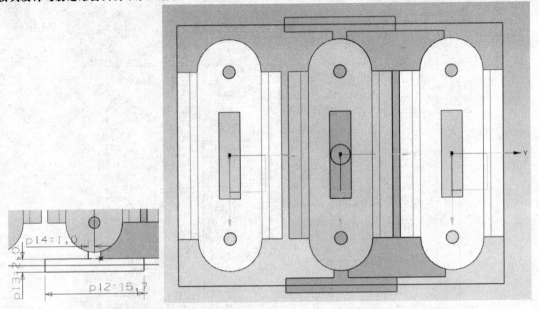

图 1-58 冲裁体设计

(6) 重叠设计，由于模具制造精度影响，第四工位冲两工件间的分段槽废料和第八工位冲裁体中需要设计重叠部分，保证充分切断。在"废料设计"对话框中类型选择"附件"，废料工艺处理方法选择▉重叠，废料选择如图 1-59（a）所示，废料边选择如图 1-59（b）所示，单击"应用"按钮，创建重叠，如图 1-59（c）所示。重复上述步骤，创建另一端重叠，如图 1-59（d）所示。同理，创建第八工位冲裁体中需要重叠部分，如图 1-60 所示。

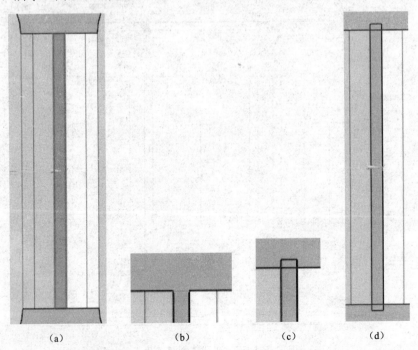

图 1-59 第四工位冲两工件间的分段槽废料重叠

项目1 UG NX 8.0 软件模具设计基础

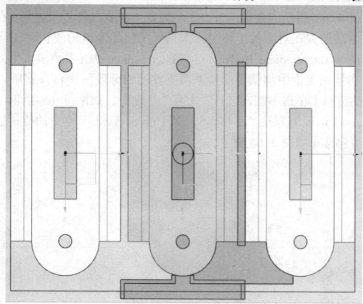

图 1-60 第八工位冲裁体废料重叠

6．条料排样

条料排样工具可以设置具体的工位数，指定废料在哪个工位完成冲裁，将中间工步安排到具体的工位，最终将通过仿真冲裁产生 3D 的条料，便于设计者直观检查成形工艺。

条料排样工具中中间工步和原始钣金零件具有关联性，废料由片体表示，中间工步由实体表示。

单击 按钮，弹出"条料排样导航器"对话框，如图 1-61 所示，双击 Station Number = 8，可以更改所需工位数。在 Strip Layout Definition 的节点上单击右键，弹出快捷菜单，包括"创建"、"更新"、"仿真冲裁"、"移除毛坯材料"等命令，如图 1-62 所示。单击"创建"命令，

图 1-61 条料排样导航器

图 1-62 Strip Layout Definition 节点包含的命令

系统创建如图 1-63 所示的条料,每个工步均有一个节点与之相对应,在设计废料时指定的工位已经被自动放置在对应的工位上,未指定工位的废料均放置在 Unprocessed 节点下,如图 1-64 所示。Intermediate Body 节点和 Intermediate Part 节点放置中间工步实体或者中间工步部件。在第三工步中将第四工步冲两工件间的分段槽废料移到第四工步,直接拖动或在所需移动的废料上单击右键,选择"下移"1 命令,如图 1-65 所示。在第二工步中将第七工步 3 mm×12 mm 的方孔"下移"5。将 Unprocessed 节点下的废料拖到第四工步。调整后各工步的废料排布如图 1-66 所示。

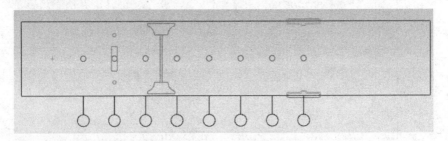

图 1-63 创建生成条料

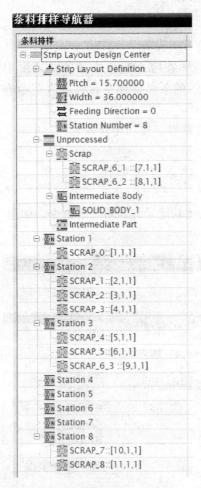

图 1-64 条料创建后的导航器

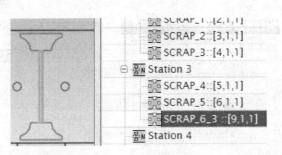

图 1-65 移动废料

项目 1　UG NX 8.0 软件模具设计基础

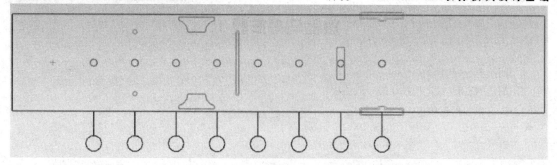

图 1-66　调整后废料的排布

双击 Feeding Direction = 0 节点，可以修改数值，"0"表示从左向右，这是默认的送给方向，"1"表示从右向左。修改数值后，需要在 Strip Layout Definition 的节点单击右键，选择"更新"命令。

可以在 Pitch 节点或者 Width 节点上双击修改步距或宽度，修改后需要"更新"。

在 Intermediate Part 节点单击右键，选择"打开"命令，在"选择部件"对话框中选择中间工步装配的顶层父部件"suopian-top"，单击"确定"按钮。在 Strip Layout Definition 节点单击右键，选择"仿真冲裁"命令，系统弹出"条料排样设计"对话框，如图 1-67 所示，起始工位为"1"，终止工位为"8"，单击"确定"按钮，仿真结果如图 1-68 所示，排样图如图 1-69 所示。

图 1-67　布局

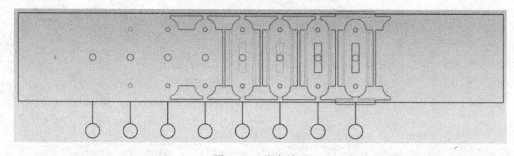

图 1-68　仿真结果

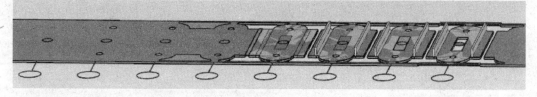

图 1-69　排样图

思考与操作题 1

1. 简述 NX 8.0 注塑设计的一般流程。
2. 简述 NX 8.0 级进模设计的一般流程。
3. 练习识别折弯和建立工步的装配。

项目 2 典型产品设计

教学导航

教	知识重点	产品造型的基本思路和方法
	知识难点	产品设计规划和造型方法的选择
	推荐教学方式	软件演示与理论教学相结合
	建议学时	12~16 学时
学	推荐学习方法	学做合一
	必须掌握的理论知识	UG NX 8.0 产品三维设计的基本理论
做	必须掌握的技能	UG NX 8.0 实体和曲面建模方法

任务 2-1　旋钮产品设计

旋钮产品如图 2-1 所示，完成产品建模。

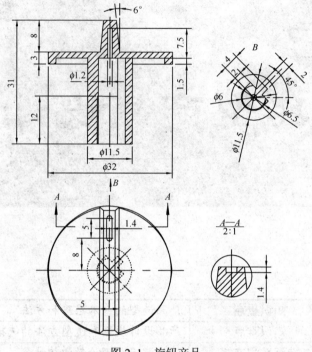

图 2-1　旋钮产品

创建新零件的操作步骤如下。

启动 UG NX 8.0，单击 按钮，在弹出的"新建"对话框中选择"模型"，在名称栏输入"knob"，单击文件夹栏 图标，选择放置文件夹并确定，如图 2-2 所示。

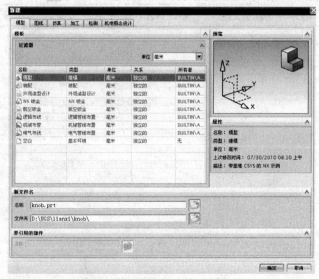

图 2-2　新建模型对话框

（1）单击草绘 按钮，系统弹出"创建草图"对话框，如图 2-3（a）所示，类型选择"在平面上"，草绘平面选择如图 2-3（b）所示，单击"确定"按钮，草绘图面如图 2-3（c）所示。绘制圆，直径φ32，如图 2-4 所示，单击 完成草图 按钮结束草绘。

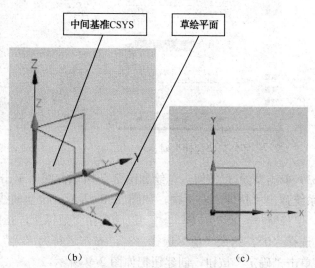

图 2-3 创建草图设置

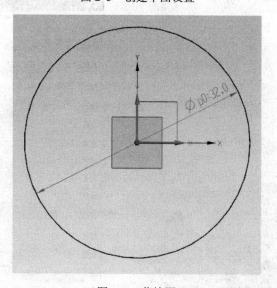

图 2-4 草绘圆

（2）单击 按钮，系统弹出"拉伸"对话框，拉伸曲线选择已经草绘的φ32 圆，指定矢量系统自动选择 Z 轴，开始"值"选择"0"，结束"值"选择"3"，布尔运算为"无"。单击"确定"按钮，创建圆柱拉伸，如图 2-6 所示。

模具设计与制造综合实训（第2版）

图 2-5 "拉伸"对话框

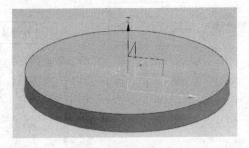

图 2-6 圆柱拉伸

（3）单击草绘 按钮，草绘如图 2-7 所示曲线，单击 完成草图 按钮结束草绘。单击 拉伸 按钮，系统弹出"拉伸"对话框，如图 2-8 所示，拉伸曲线选择草绘的平行线和基准面圆轮廓线，选择 相连曲线 中 在相交处停止，指定矢量系统自动选择 Z 轴，开始"值"选择"0"，结束"值"选择"8"，布尔运算为"无"，拔模"从起始限制"，角度选择"6"，单击"确定"按钮，创建钮把如图 2-9 所示。

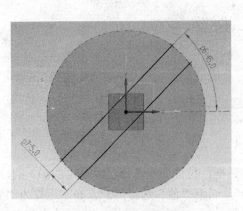

图 2-7 草绘轮廓线

图 2-8 拉伸参数设定

项目 2　典型产品设计

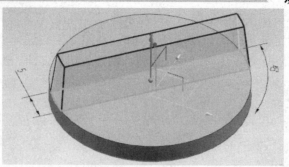

图 2-9　钮把拉伸

（4）单击 按钮，选择圆柱和钮把，单击"确定"按钮。

（5）单击 按钮，选择需要倒圆角的边，半径"0.5"，单击"确定"按钮。倒圆角后零件图如图 2-10 所示。

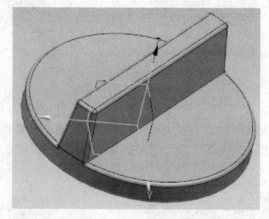

图 2-10　倒圆角

（6）单击草绘 按钮，草绘如图 2-11 所示曲线，单击 按钮结束草绘。单击 按钮，指定矢量系统自动选择 Z 轴，开始"值"选择"0"，结束"值"选择"0.8"，布尔运算为"求差"，单击"确定"按钮，创建钮把如图 2-12 所示。

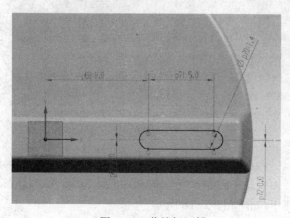 

图 2-11　草绘标记槽　　　　　　　图 2-12　钮把标记槽

（7）单击草绘 按钮，草绘如图 2-13 所示曲线，直径φ11.5，单击 完成草图 按钮结束草绘。单击 按钮，指定矢量系统自动选择 Z 轴，开始"值"选择"0"，结束"值"选择"20"，布尔运算为"求和"，单击"确定"按钮，创建旋钮杆如图 2-14 所示。

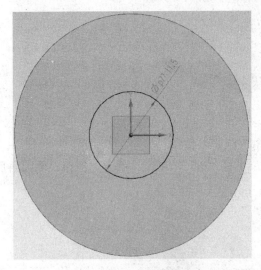

图 2-13　草绘旋钮杆圆　　　　　　　图 2-14　旋钮杆

（8）单击草绘 按钮，草绘如图 2-15 所示曲线，直径φ28，单击 完成草图 按钮结束草绘。单击 按钮，选择曲线是圆，直径φ28、直径φ11.5，指定矢量系统自动选择 Z 轴，开始"值"选择"0"，结束"值"选择"2"，布尔运算为"求差"，单击"确定"按钮，创建旋钮盖壳如图 2-16 所示。

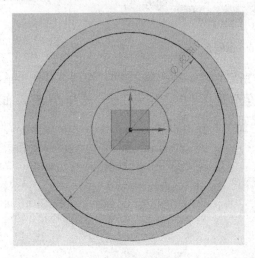
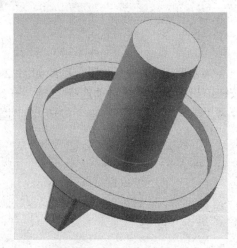

图 2-15　旋钮盖壳圆　　　　　　　图 2-16　旋钮盖壳

（9）单击草绘 按钮，草绘如图 2-17 所示曲线，单击 完成草图 按钮结束草绘。单击 按钮，指定矢量系统自动选择 Z 轴，开始"值"选择"0"，结束"值"选择"22"，布尔运算为"求差"，单击"确定"按钮，创建卡位槽如图 2-18 所示。

项目2　典型产品设计

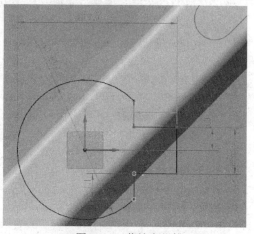

图2-17　草绘卡位槽

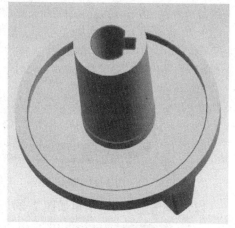

图2-18　卡位槽

（10）单击草绘按钮，草绘如图2-19所示曲线，单击完成草图按钮结束草绘。单击拉伸按钮，指定矢量系统自动选择 Z 轴，开始"值"选择"0"，结束"值"选择"-12"，布尔运算为"求差"，单击"确定"按钮，创建卡位槽限位孔如图2-20所示。

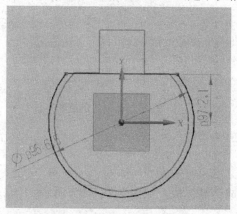

图2-19　卡位槽限位孔草绘

图2-20　卡位槽限位孔

（11）单击草绘按钮，草绘如图2-21所示曲线，单击完成草图按钮结束草绘。单击拉伸按钮，指定矢量系统自动选择 Z 轴，开始"值"选择"0"，结束"值"选择"-8.5"，布尔运算为"求差"，单击"确定"按钮，创建旋钮壳槽如图2-22、图2-23所示。

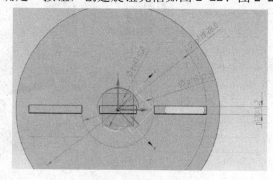

图2-21　旋钮壳槽草绘

模具设计与制造综合实训（第2版）

图 2-22 旋钮壳槽

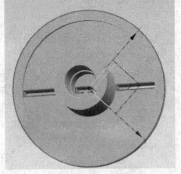

图 2-23 拉伸后

（12）单击 按钮，倒角如图 2-24 所示。创建的旋钮零件如图 2-25 所示。

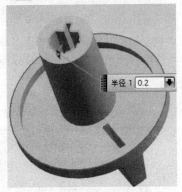

图 2-24 倒角

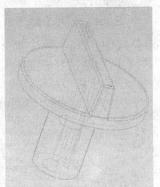

图 2-25 创建的旋钮零件

任务 2-2　侧弯支架产品设计

侧弯支架产品如图 2-26（a）所示，完成产品建模，如图 2-26（b）所示。

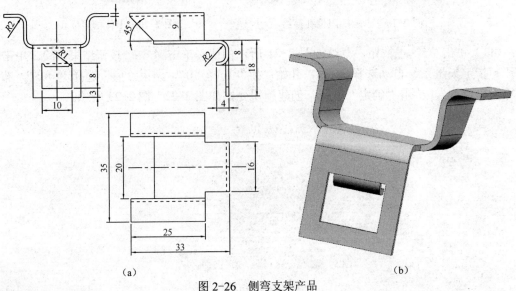

(a)　　　　　　　　　　　　　　　　　　　　(b)

图 2-26　侧弯支架产品

项目 2　典型产品设计

创建新零件的操作步骤如下。

启动 UG NX 8.0，单击 按钮，在弹出的"新建"对话框中选择"模型"，在名称栏输入"support"，单击文件夹栏 图标，选择放置文件夹并确定，如图 2-27 所示。

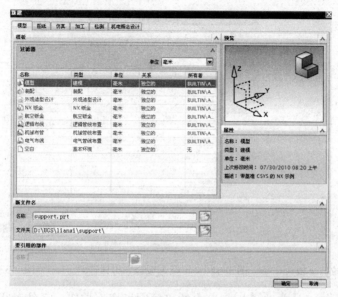

图 2-27　新建模型对话框

（1）单击草绘 按钮，系统弹出草绘对话框，如图 2-28 所示，"类型"选择 "在平面上"，在基准坐标系中选择 XOY 面，如图 2-29 所示，草绘曲线如图 2-30 所示，单击 完成草图按钮结束草绘。单击 按钮，指定矢量系统自动选择 Z 轴，开始"值"选择"0"，结束"值"选择"1"，布尔运算为"无"，单击"确定"按钮，创建平板如图 2-31 所示。

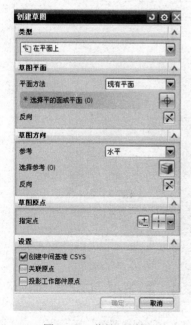

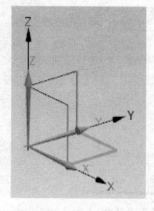

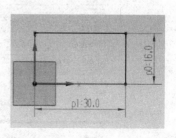

图 2-28　草绘对话框　　　　图 2-29　选择草绘平面　　　图 2-30　平板草绘图形

39

（2）单击草绘 开始·下拉菜单 NX 钣金(H) 按钮，系统进入 NX 钣金，单击 插入(S) 下拉菜单"转换"中的"转换为钣金"按钮，系统弹出"转换为钣金"对话框，如图 2-32 所示，选择面如图 2-33 所示，单击"确定"按钮。

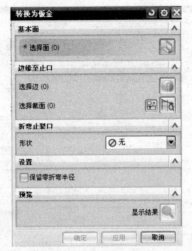

图 2-31 拉伸平板　　　　图 2-32 "转换为钣金"对话框　　　　图 2-33 选择面

（3）单击 插入(S) 下拉菜单"折弯"中的"轮廓折弯"按钮，系统弹出"轮廓弯边"对话框，如图 2-34 所示，"类型"选择"次要"，"截面"中选择创建曲线，系统弹出"创建草图"对话框，选择路径为矩形边长为 30 的边，指定点为"终点"，如图 2-35 所示，单击"确定"按钮，进入草绘窗口，创建草绘图形，如图 2-36 所示，单击 完成草图 按钮结束草绘。系统重新回到"轮廓弯边"对话框，"宽度选项"为 有限，宽度为"25 mm"，单击"应用"按钮，创建的轮廓弯边如图 2-37 所示。同理；完成另一侧弯边，如图 2-38 所示。

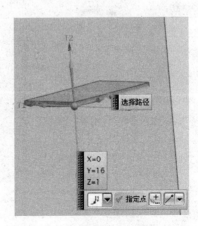

图 2-34 "轮廓弯边"对话框　　　　图 2-35 创建草图

项目 2　典型产品设计

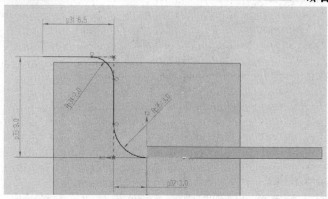

图 2-36　曲线草绘

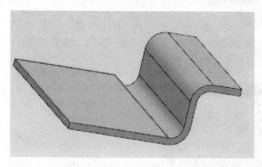

图 2-37　一侧弯边

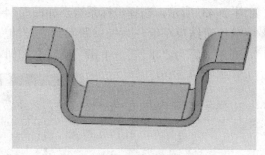

图 2-38　另一侧弯边

（4）单击 插入(S) 下拉菜单"折弯"中的"轮廓折弯"按钮，系统弹出"轮廓弯边"对话框，"类型"选择"次要"，"截面"中选择创建曲线，系统弹出"创建草图"对话框，选择路径为矩形边长为 16 的边，指定点为"终点"，如图 2-39 所示，单击"确定"按钮，进入草绘窗口，创建草绘图形，如图 2-40 所示。单击 完成草图 按钮结束草绘，系统重新回到"轮廓弯边"对话框，"宽度选项"为 有限，宽度为"16 mm"，单击"确定"按钮，创建的轮廓舌头弯边如图 2-41 所示。

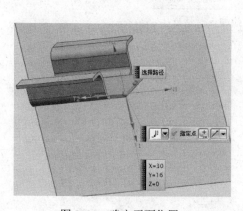

图 2-39　确定平面位置

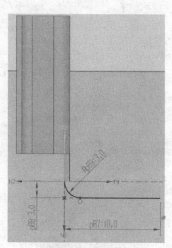

图 2-40　曲线草绘

图 2-41 舌头弯边

（5）单击 插入(S) 下拉菜单"剪切"中的"拉伸"按钮，系统弹出"拉伸"对话框，如图 2-42 所示，"截面"中选择创建曲线，系统弹出"创建草图"对话框，选择草绘平面如图 2-43 所示，选择坐标系原点如图 2-44 所示，创建草绘图形如图 2-45 所示。单击 完成草图 按钮结束草绘，系统重新回到"拉伸"对话框，开始"值"为"0"，结束"值"为"1"，布尔运算为"求差"，单击"确定"按钮，创建开口如图 2-46 所示。

图 2-42 "拉伸"对话框

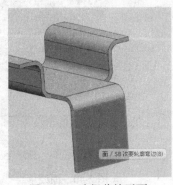

图 2-43 选择草绘平面

图 2-44 选择原点

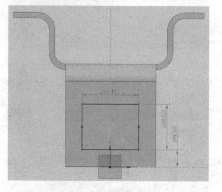

图 2-45 草绘

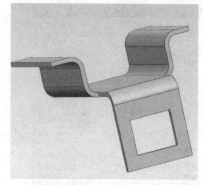

图 2-46 拉伸开口

（6）单击 插入(S) 下拉菜单"折弯"中的"轮廓折弯"按钮，系统弹出"轮廓弯边"对话框，"类型"选择"次要"，"截面"中选择创建曲线，系统弹出"创建草图"对话框，如图 2-47 所示。选择路径为开口 10 mm 的边，指定点为边上点，如图 2-48、图 2-49 所示，单击"确定"按钮，进入草绘窗口，创建草绘图形如图 2-50 所示。单击 完成草图 按钮结束草绘，系统重新回到"轮廓弯边"对话框，如图 2-51 所示，"宽度选项"为"对称"，宽度为"8 mm"，单击"确定"按钮，创建小舌头弯边如图 2-52 所示。

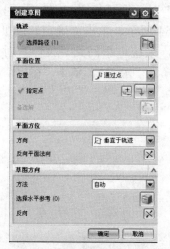

图 2-47 草绘对话框

图 2-48 指定点对话框

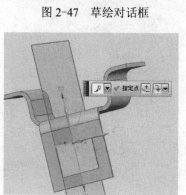

图 2-49 平面位置设置

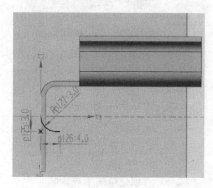

图 2-50 草绘

模具设计与制造综合实训（第2版）

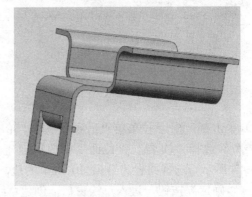

图 2-51　轮廓弯边设置　　　　　图 2-52　小舌头弯边

（7）单击 插入(S) 下拉菜单"剪切"中的"拉伸"按钮，系统弹出"拉伸"对话框，"截面"中选择创建曲线，系统弹出"创建草图"对话框，如图 2-53 所示，"类型"选择"基于路径"，路径选择与中点位置选择如图 2-54 所示，单击"确定"按钮，创建草绘图形如图 2-55 所示。单击 完成草图 按钮结束草绘，系统重新回到"拉伸"对话框，开始"值"为"贯通"，结束"值"为"贯通"，布尔运算为"求差"，单击"确定"按钮，创建开口如图 2-56 所示。

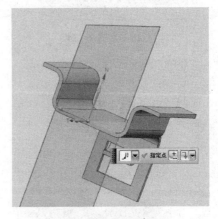

图 2-53　"创建草图"对话框　　　　图 2-54　路径与平面位置

44

项目2 典型产品设计

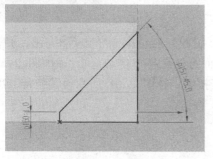

图 2-55 草绘

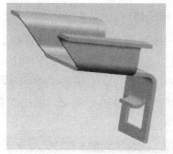

图 2-56 拉伸后零件图

任务 2-3　下壳体产品设计

下壳体产品如图 2-57 所示，本任务要完成该产品建模。

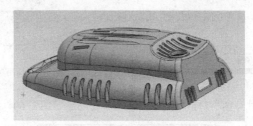

图 2-57 下壳体产品

1．创建新零件

启动 UG NX 8.0，单击 按钮，在弹出的"新建"对话框中选择"模型"，在名称栏输入"XKT"，单击文件夹栏 图标，选择放置文件夹并确定，如图 2-58 所示。

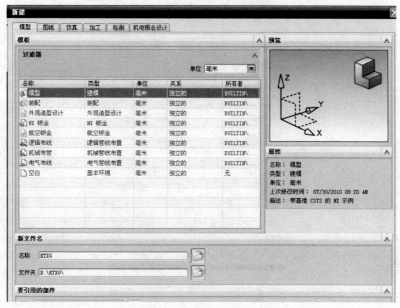

图 2-58 新建模型对话框

45

2. 拉伸实体

单击 按钮弹出"拉伸"对话框,在"拉伸"对话框中单击 按钮,弹出"创建草图"对话框,"类型"选择"在平面上",平面方法选择"自动判断",如图 2-59 所示,绘制如图 2-60 所示的草绘图形,单击 完成草图按钮。按图 2-61 所示设置拉伸高度为"50",拔模角度为"7",拉伸方向 Z,单击"确定"按钮。

图 2-59 "创建草图"对话框

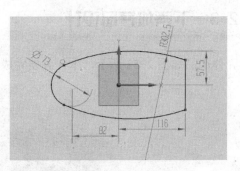

图 2-60 拉伸草绘

图 2-61 拉伸参数

3. 拉伸修剪曲面

单击 按钮弹出"拉伸"对话框,单击 按钮弹出"创建草图"对话框,"类型"选择"在平面上","平面方法"选择"创建平面",将坐标系方向设置为如图 2-62 所示,绘制如图 2-63 所示的草绘图形,单击 按钮,按图 2-64 所示设置拉伸参数"对称"尺寸 60,单击"确定"按钮。

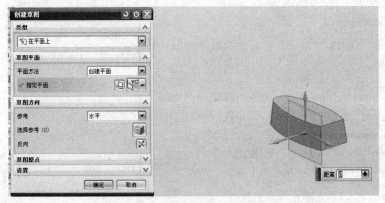

图 2-62 创建平面类型

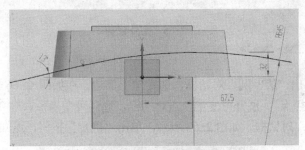

图 2-63 拉伸草绘

图 2-64 拉伸参数

4. 实体修剪

单击 按钮,弹出"修剪体"对话框,选第 1 步生成的实体为目标体,第 2 步生成的曲面为工具面,保留实体底部,单击"确定"按钮,隐藏曲面,如图 2-65 所示。

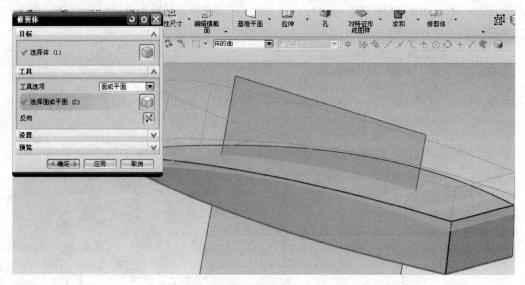

图 2-65 实体修剪

5. 倒圆角

单击 按钮,弹出"边倒圆"对话框,选实体上部边,在如图 2-66 所示的"边倒圆"对话框中单击"可变半径点",展开可变半径点对话框,选"可变半径点",单击 按钮,选取实体边上的点弹出"点"对话框,如图 2-67 所示,单击"确定"按钮,返回"边倒圆"对话框。

图 2-66 "边倒圆"对话框

项目2 典型产品设计

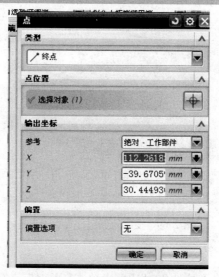

图 2-67 "点"对话框

单击可变半径点 ，在图 2-68 所示的指定新的位置对话框中输入半径和弧长百分比，插入点和半径，如图 2-69 所示，实体双边对称设置，设置完成后确定。

图 2-68 指定点对话框

模具设计与制造综合实训（第2版）

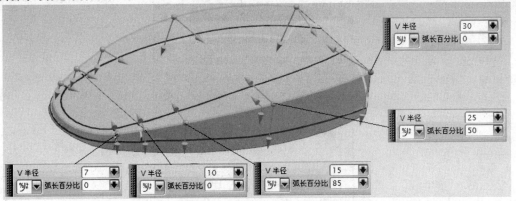

图 2-69　变半径倒圆位置点和半径

6．拉伸实体

单击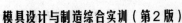按钮，在弹出的"拉伸"对话框中单击 按钮，在"创建草图"对话框中"类型"选择"在平面上"，"平面方法"选择"自动判断"，绘制如图 2-70 所示的草绘图形，单击 按钮，按图 2-71 所示设置拉伸高度为"60"，拔模角度为"7"，单击"确定"按钮。

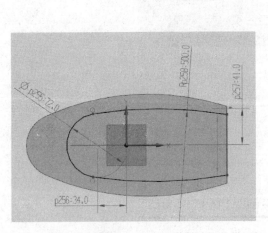

图 2-70　拉伸草绘

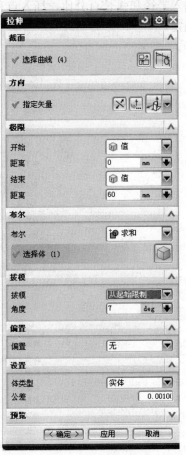

图 2-71　拉伸参数

项目 2　典型产品设计

7. 拉伸修剪曲面

单击 按钮，在弹出的"拉伸"对话框中单击 按钮，"类型"选择"在平面上","平面方法"选择"创建平面"，如图 2-72 所示，绘制如图 2-73 所示的草绘图形，单击 完成草图按钮，按图 2-74 所示设置对称拉伸，尺寸"50"，单击"确定"按钮。

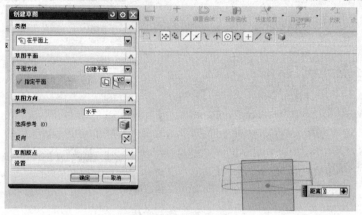

图 2-72　创建平面类型

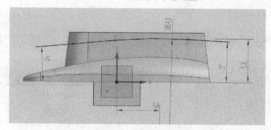

图 2-73　拉伸草绘

图 2-74　拉伸参数

8. 实体修剪

单击 按钮，弹出"修剪体"对话框，选实体为目标体，第 6 步生成的曲面为工具面，保留实体底部并确定，如图 2-75 所示，隐藏曲面。

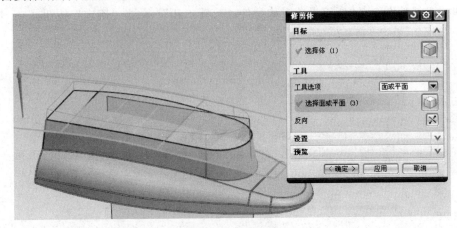

图 2-75 修剪实体

9. 倒圆角

单击 按钮，弹出"边倒圆"对话框，选实体上部边，输入半径 20 并确定，如图 2-76 所示。

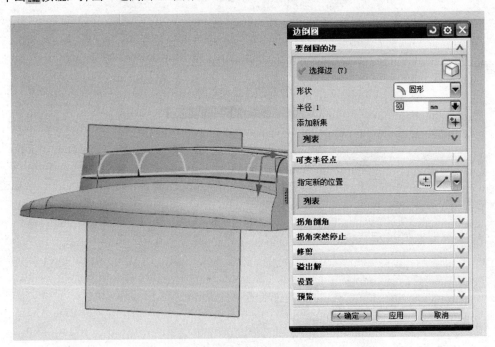

图 2-76 "边倒圆"对话框

10. 创建扫掠特征

单击 按钮，"类型"选择"在平面上"，"平面方法"选择"创建平面"，在选定平面栏选 YC，绘制如图 2-77 所示的草绘图形，单击 按钮。

项目 2　典型产品设计

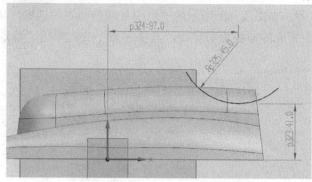

图 2-77　扫掠引导线

单击 按钮，弹出"基准平面"对话框，基准平面类型按图 2-78 所示选择，选第 9 步创建的草绘曲线端点，创建基准平面。单击 按钮，"类型"选择"在平面上"，选择刚创建的基准平面为草绘平面，绘制如图 2-79 所示的草绘图形，圆弧约束在上一步绘制的草绘曲线上，单击 完成草图 按钮。

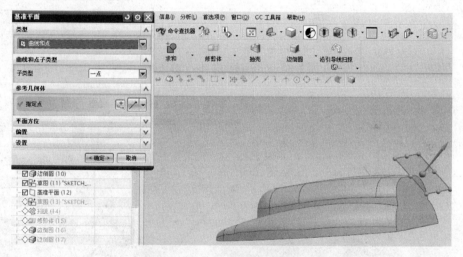

图 2-78　创建基准平面类型

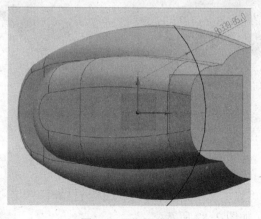

图 2-79　扫掠截面

53

单击 按钮,弹出如图 2-80 所示的"沿引导线扫掠"对话框,选第 10 步生成的曲线为截面线,第 9 步生成的曲线为引导线,其他参数不变,单击"确定"按钮。生成如图 2-81 所示的曲面。

图 2-80 "沿引导线扫掠"对话框

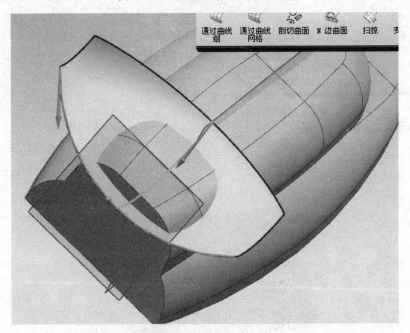

图 2-81 扫掠曲面

11．修剪实体

单击 按钮,弹出"修剪体"对话框,选实体为目标体,第 11 步生成的曲面为工具面,单击"确定"按钮,如图 2-82 所示。

 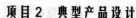

项目 2 典型产品设计

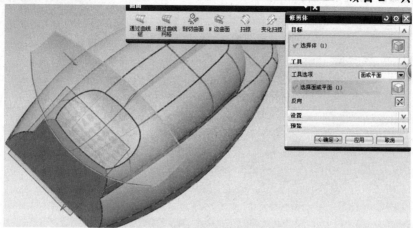

图 2-82 修剪实体

12．倒圆角

单击 按钮，弹出"边倒圆"对话框，选如图 2-83 所示的边倒 $R5$ 圆；用同样的方法选如图 2-84 所示的边倒 $R2$ 圆。

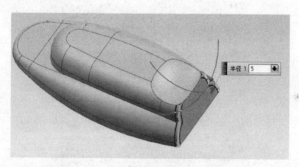

图 2-83 边倒圆 1

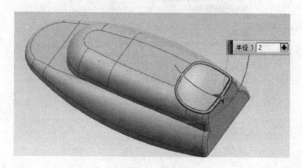

图 2-84 边倒圆 2

13．创建异形孔

单击 按钮，弹出"拉伸"对话框，在"拉伸"对话框中单击 按钮，"类型"选择"在平面上"，平面方法选择"自动判断"，单击"确定"按钮进入草绘界面，绘制如图 2-85 所示的草绘图形，单击 完成草图 按钮，按图 2-86 所示设置拉伸距离为"20"，拔模角度为"3"，单击"确定"按钮。

55

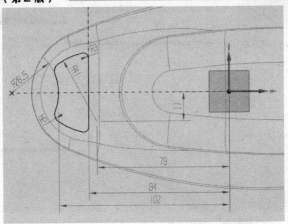

图 2-85 异形孔草绘

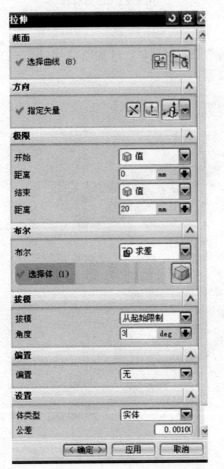

图 2-86 异形孔拉伸参数

14. 异形孔倒角

单击 按钮，弹出"倒斜角"对话框，选择如图 2-87 所示的对称边倒角，倒斜角参数如图 2-87 所示，单击"确定"按钮完成边倒斜角。

项目2 典型产品设计

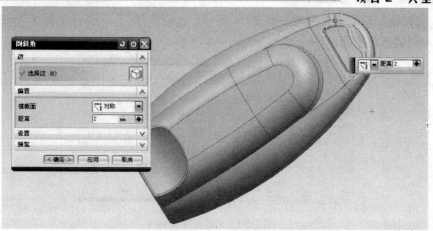

图2-87 异形孔边倒斜角

单击 按钮，弹出"边倒圆"对话框，选择如图2-88所示口部边，单击"可变半径点"，展开可变半径点对话框，选择"可变半径点"，单击 按钮，选取实体边上的点，插入点和半径，如图2-88所示，确定。

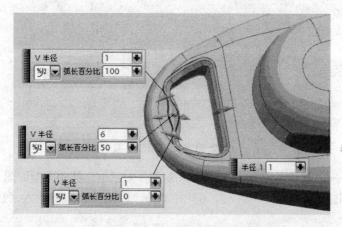

图2-88 异形孔边倒圆角

15. 创建扫掠特征

单击 按钮，弹出"创建草图"对话框，"类型"选择"在平面上"，"平面方法"选择"创建平面"，在选定平面栏选 YC 并确定，进入草绘界面，绘制如图2-89所示的草绘图形，单击 完成草图 按钮。

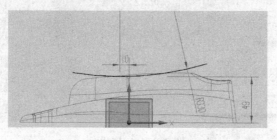

图2-89 扫掠引导线

单击 按钮，基准平面类型如图 2-90 所示，选图 2-89 的草绘曲线端点，+X 方向为基准平面方向创建基准平面。

图 2-90 创建基准平面

单击 按钮，弹出"创建草图"对话框，"类型"选择"在平面上"，选刚创建的基准平面为草绘平面，绘制如图 2-91 所示的草绘图形，圆心与图 2-89 曲线端点对齐，单击 按钮。

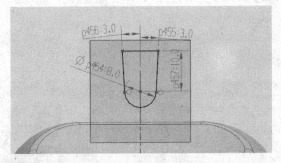

图 2-91 扫掠截面草绘

选择"编辑"→"移动对象"，弹出"移动对象"对话框，移动类型如图 2-92 所示，选择图 2-91 所示草绘图形，输入（-17，2，0）并单击"应用"按钮，输入（17，2，0）并单击"确定"按钮。

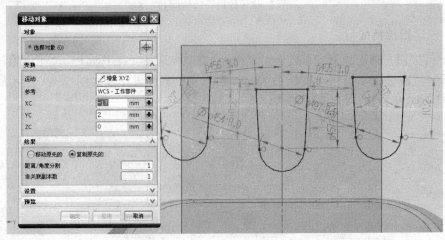

图 2-92 扫掠截面

项目 2　典型产品设计

单击 按钮，弹出"沿引导线扫掠"对话框，选图 2-89 生成的曲线为引导线，选图 2-92 生成的任一曲线为截面线，参数设置如图 2-93 所示，确定。以同样的方法生成另外两个截面曲线的沿引导线扫掠修剪实体，如图 2-94 所示。

图 2-93　扫掠特征对话框

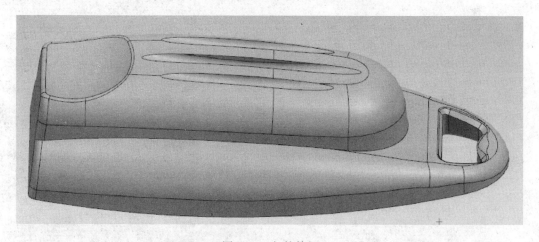

图 2-94　扫掠特征

16. 创建拉伸特征

单击 按钮，在弹出的对话框中单击 按钮，基准平面类型如图 2-95 所示，距离为 5，绘制如图 2-96 所示的草绘图形，单击 按钮。按图 2-97 所示设置拉伸参数并确定。

单击 按钮，弹出"边倒圆"对话框，选择如图 2-98 所示的边倒 0.5 圆角。

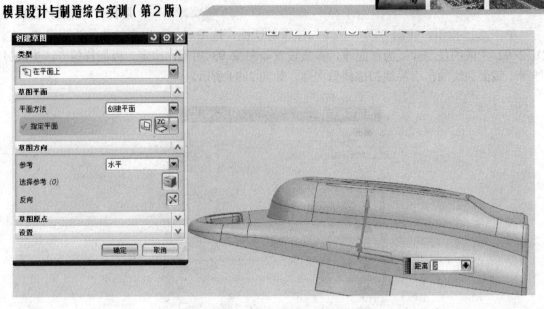

图 2-95 拉伸草绘平面

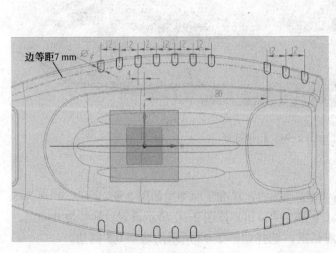

图 2-96 拉伸草绘　　　　　　图 2-97 拉伸参数

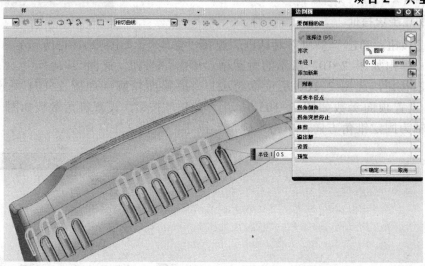

图 2-98　倒圆角

17．创建抽壳特征

单击 按钮，弹出"抽壳"对话框，选底面和第 16 步生成的台阶面为穿透面，壁厚 2.5，如图 2-99 所示。

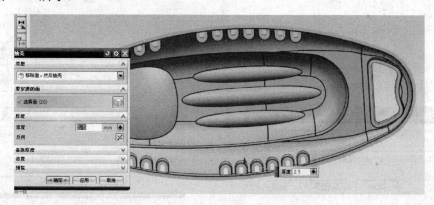

图 2-99　创建抽壳

18．创建草绘

单击 按钮，弹出"创建草图"对话框，绘图平面类型选择"在平面上"，平面方法选择"自动判断"，绘制如图 2-100 所示的草绘图形，单击 完成草图 按钮。

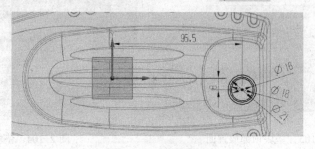

图 2-100　草绘图形

19. 创建垫块特征

单击 按钮,弹出"垫块"对话框,选择"常规"(如图 2-101 所示)并单击"确定"按钮,弹出如图 2-102 所示的对话框。单击 按钮,选图 2-103 中 A 面为放置面;单击 按钮,选图 2-100 所示草绘 $\phi21$ 为放置面轮廓(如图 2-104 所示);单击 按钮,设置顶面参数如图 2-105 所示;单击 按钮,设置锥角参数如图 2-106 所示,选 Z 轴为固定锥角方向,单击"确定"按钮,如图 2-107 所示。

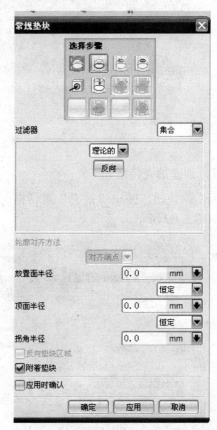

图 2-101 "垫块"对话框　　　　　图 2-102 "常规垫块"对话框

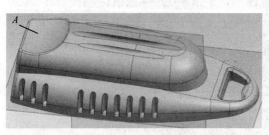

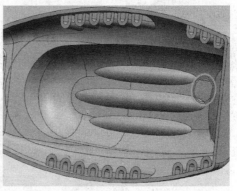

图 2-103 垫块顶部放置面　　　　　图 2-104 垫块顶部轮廓线

项目2 典型产品设计

 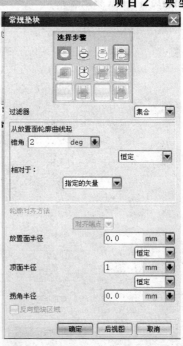

图 2-105 垫块底部放置面参数　　　　图 2-106 垫块底部轮廓参数

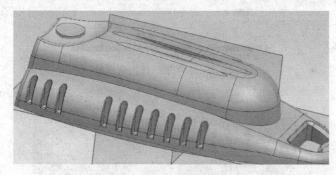

图 2-107 常规垫块

20. 创建腔体

单击 腔体 按钮，弹出"腔体"对话框，选择"常规"（如图 2-108 所示）并单击"确定"按钮，弹出如图 2-109 所示对话框。单击 按钮，选图 2-110 中 B 面为放置面；单击 按钮，选图 2-111 所示草绘 $\phi 18$ 为放置面轮廓（如图 2-112 所示）；单击 按钮，设置顶面参数如图 2-113 所示，设置偏置 1 mm，其余参数不变；单击 按钮，设置锥角参数如图 2-113 所示，选 Z 轴为固定锥角方向，单击"确定"按钮，腔体如图 2-114 所示。

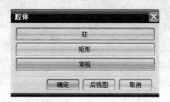

图 2-108 "腔体"对话框

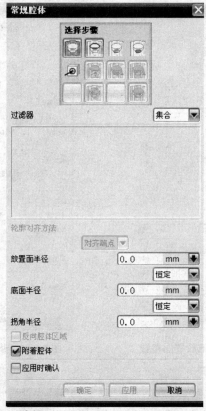

图 2-109 "常规腔体"对话框

图 2-110 腔体顶部放置面

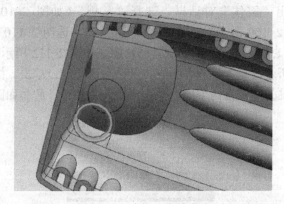

图 2-111 腔体顶部轮廓线

项目 2　典型产品设计

图 2-112　腔体底部放置面参数

图 2-113　腔体放置轮廓参数

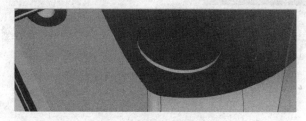

图 2-114　常规腔体

21. 创建拉伸修剪

单击 按钮，弹出"拉伸"对话框，选图 2-100 所示草绘 $\phi16$ 为拉伸曲线，按图 2-115 所示设置拉伸参数，单击"确定"按钮。

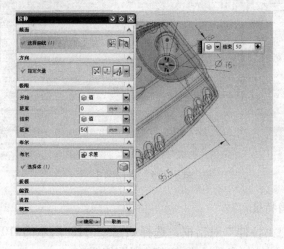

图 2-115　拉伸参数设置

65

22. 创建拔模斜度

单击 按钮，弹出如图 2-116 所示的"拔模"对话框，选第 21 步生成圆孔上边，按图 2-116 所示设置参数，单击"确定"按钮。

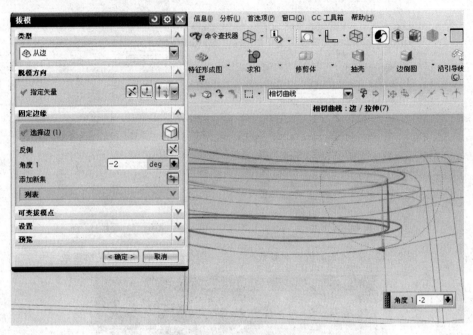

图 2-116　创建拔模斜度

23. 创建草绘

单击 按钮，弹出"创建草图"对话框，"类型"选择"在平面上"，"平面方法"选择"自动判断"，绘制如图 2-117 所示的草绘图形，单击 完成草图 按钮。

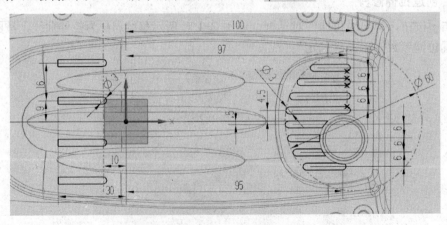

图 2-117　草绘图形

24. 创建拉伸修剪特征

单击 按钮，弹出"拉伸"对话框，选择如图 2-118 所示的 10 个草绘图形为拉伸曲线，按图 2-119 所示设置拉伸参数，单击"确定"按钮。

项目 2　典型产品设计

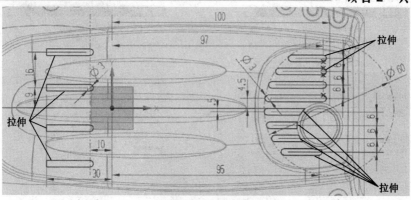

图 2-118　拉伸截面

图 2-119　拉伸参数

25．创建垫块

单击 按钮，在弹出的"腔体"对话框中选择"常规"并单击"确定"按钮，弹出"常规垫块"对话框。单击 按钮，选图 2-120 中 C 面为放置面；单击 按钮，选如图 2-120 所示草绘曲线为放置面轮廓；单击 按钮，设置顶面参数如图 2-121 所示；单击 按钮，设置参数如图 2-122 所示，确定。

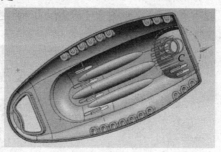

图 2-120　垫块顶部放置面和放置轮廓

67

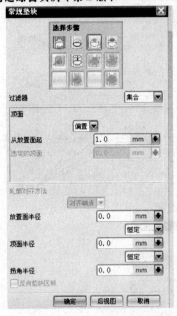

图 2-121 垫块底部放置面参数

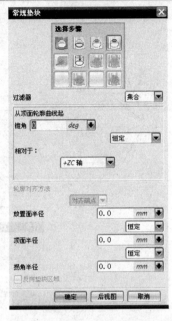

图 2-122 垫块底部放置轮廓参数

用同样的步骤和参数选图 2-123 所示草绘曲线在 C 面做另一常规垫块。

图 2-123 垫块 2 放置轮廓

26．创建腔体

单击 按钮，在弹出的"腔体"对话框中选择"常规"并单击"确定"按钮，弹出"常规腔体"对话框。单击 按钮，选图 2-124 中 D 面为放置面；单击 按钮，选如图 2-125 所示草绘曲线为放置面轮廓；单击 按钮，设置底部放置面参数如图 2-126 所示，设置偏置距离；单击 按钮，设置底部放置轮廓参数如图 2-127 所示，确定。

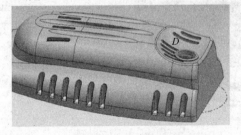

图 2-124 腔体顶部放置面

图 2-125 腔体顶部放置轮廓

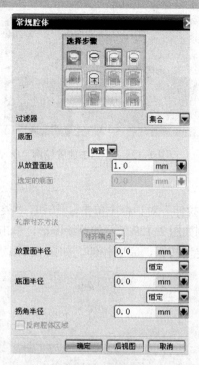

图 2-126 腔体底部放置面参数

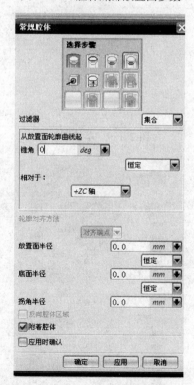

图 2-127 腔体底部放置轮廓参数

用同样的步骤和参数选图 2-128 所示曲线在 D 面做另一常规腔体。

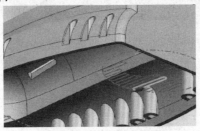

图 2-128 腔体 2 放置轮廓

27．创建拉伸修剪特征

单击 按钮，在弹出的"拉伸"对话框中单击 按钮，"类型"选择"在平面上"，"平面方法"选择"自动判断"，绘制如图 2-129 所示的草绘图形，单击 完成草图 按钮。按图 2-130 所示设置拉伸参数，单击"确定"按钮，完成拉伸，如图 2-131 所示。

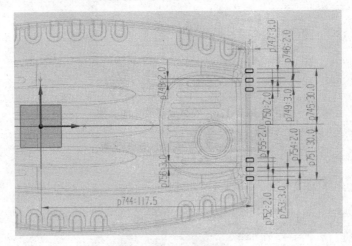

图 2-129 草绘图形

图 2-130 拉伸参数

项目 2 典型产品设计

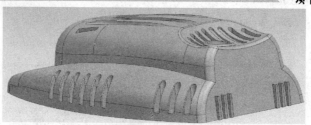

图 2-131 拉伸结果

28．创建拉伸修剪特征

单击 按钮，在弹出的"拉伸"对话框中单击 按钮，类型选择"在平面上"，平面方法选择"自动判断"，确定。单击 按钮，选零件内轮廓线分别等距 0.8 和 1.7，如图 2-132 所示，单击 完成草图 按钮，按图 2-133 所示设置拉伸参数，单击"确定"按钮，完成槽拉伸，如图 2-134 所示。

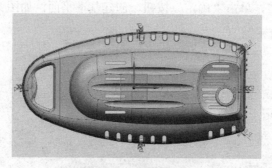

图 2-132 边等距曲线

图 2-133 拉伸参数设置

71

模具设计与制造综合实训（第2版）

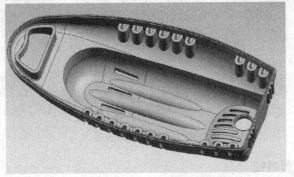

图 2-134　拉伸结果

29．创建拉伸修剪特征

单击 按钮，弹出"基准平面"对话框，基准平面类型选择"点和方向"，选择图 2-135 所示边线中点，方向 XC，单击"确定"按钮，创建基准平面，如图 2-135 所示。

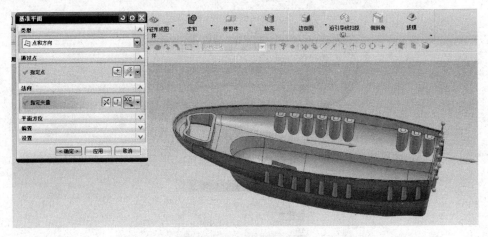

图 2-135　创建基准平面

单击 按钮，在弹出的"拉伸"对话框中单击 按钮，类型选择"在平面上"，平面方法选择"现有平面"，选取图 2-135 创建的平面，绘制如图 2-136 所示的草绘图形，单击 完成草图 按钮，按图 2-137 所示设置拉伸参数，单击"确定"按钮。

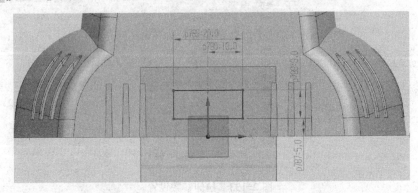

图 2-136　草绘图形

项目2 典型产品设计

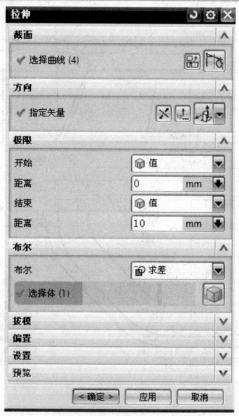

图2-137 拉伸参数

单击 按钮，壳体三维实体如图2-138所示。

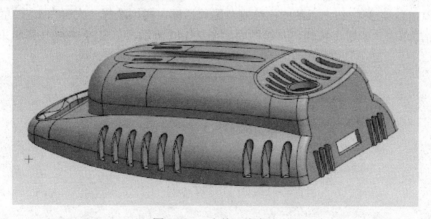

图2-138 壳体三维实体

任务2-4 地凸板产品设计

地凸板产品如图2-139所示，考虑到拉深模设计要求，可以一模二件，因此，以图2-139为基础，预留2 mm切口对称完成产品建模。

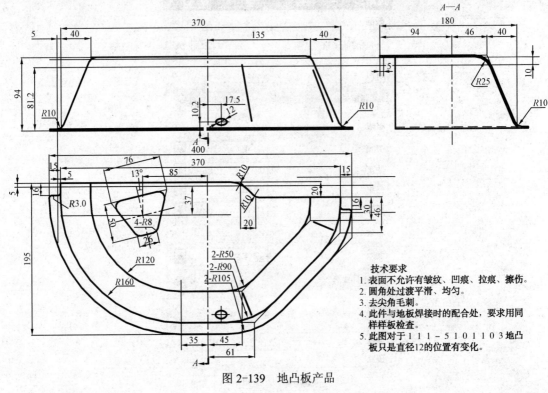

图 2-139 地凸板产品

1. 创建新零件

启动 UG NX 8.0，单击 按钮，在弹出的"新建"对话框中选择"模型"，在名称栏输入"convex board"，单击文件夹栏 图标，选择放置文件夹，确定。

（1）单击草绘 按钮，系统弹出绘制草图对话框，类型选择"在平面上"，草绘平面选择 XY 平面，单击"确定"按钮，草绘图面如图 2-140 所示，单击 按钮结束草绘。

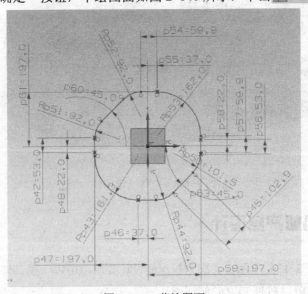

图 2-140 草绘图面

（2）单击 按钮，系统弹出"拉伸"对话框，拉伸曲线选择已经草绘的曲线，指定矢量系统自动选择 Z 轴，开始"值"选择"0"，结束"值"选择"94"，布尔运算为"无"，拔模"从起始限制"，角度"23"，如图 2-141 所示。单击"确定"按钮，创建圆柱拉伸如图 2-142 所示。

图 2-141 拉伸值设置

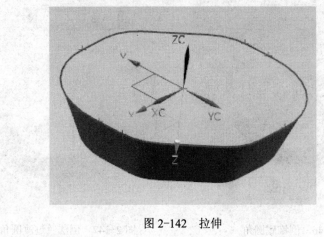

图 2-142 拉伸

（3）单击草绘按钮，草绘如图 2-143 所示曲线，单击完成草图按钮结束草绘。单击拉伸按钮，系统弹出"拉伸"对话框，如图 2-144 所示，拉伸曲线选择草绘的圆，指定矢量系统自动选择 Z 轴，如图 2-145 所示，开始"值"选择"0"，结束"值"选择"2"，布尔运算为"求和"，单击"确定"按钮。

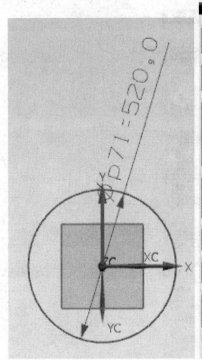

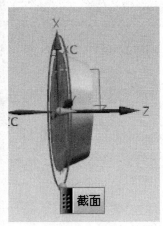

图 2-143　草绘轮廓线　　　图 2-144　拉伸参数设定　　　图 2-145　拉伸方向

（4）单击边倒圆按钮，选择锥底边，半径"20"，单击"确定"按钮。倒圆角后零件图如图 2-146 所示。选择法兰过渡边，半径"5"，单击"确定"按钮，倒圆角后零件图如图 2-147 所示。

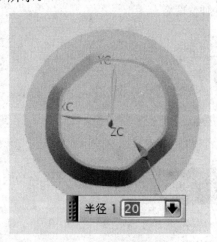
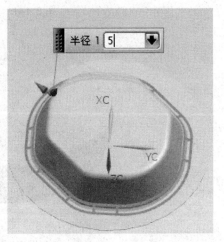

图 2-146　倒锥底圆角　　　　　　图 2-147　倒法兰过渡圆角

思考与操作题 2

1. 在什么情况下使用镜像特征？在什么情况下使用镜像体？
2. 如何抑制特征以及如何取消抑制特征？
3. NX 8.0 提供依据点构造曲面的方法主要包括哪些？它们具有什么样的应用特点？
4. 什么是直纹面？举例说明直纹面的创建方法及步骤。
5. 简述"偏置曲面"、"可变偏置曲面"、"大致偏置曲面"的异同之处。

项目 3 注塑模设计

教学导航

教	知识重点	注塑模设计基本知识、模具设计的技巧
	知识难点	注塑模向导各功能含义与应用
	推荐教学方式	软件演示与理论教学相结合
	建议学时	8~12 学时
学	推荐学习方法	学做合一
	必须掌握的理论知识	UG NX 8.0 产品三维设计的基本技能与理论
做	必须掌握的技能	熟练掌握 Moldwizard 建模方法

项目 3　注塑模设计

任务 3-1　学习注塑模设计基础

3-1-1　塑料材料性能和成型性

1. 塑料

塑料是一种可塑成型的材料，它是以高分子聚合物为主要成分的混合物，在加热、加压等条件下具有可塑性，在常温下为柔韧的固体。所谓高分子聚合物，是指由许许多多结构相同的普通分子组成的大分子。它既存在于大自然中（称之为天然树脂），又能够用化学方法人工制取（称之为合成树脂）。合成树脂是塑料的主体。在合成树脂中加入某些添加剂，如填充剂、增塑剂、着色剂等，可以得到各种性能的塑料品种。由于添加剂所占比例较小，塑料的性能主要取决于合成树脂的性能。

塑料具有优良的成型和加工性能。在加热和加压下，利用不同的成型方法几乎可将塑料制成任何形状的制品。塑料的这种独特性能归功于高分子聚合物的巨大相对分子质量。一般的低分子物质的相对分子质量仅为几十至几百，例如，一个水分子仅含一个氧原子和两个氢原子，水的相对分子质量为 18，而一个高分子聚合物的分子含有成千上万个原子，相对分子质量可达到数万乃至几百万、几千万。原子之间有很大的作用力，分子之间的长链会卷曲缠绕。这些缠绕在一起的分子既可互相吸引又可互相排斥，使塑料产生弹性。高分子聚合物在受热时不像一般低分子物质那样有明显的熔点，从长链的一端加热到另一端需要时间，即需要经历一段软化的过程，因此塑料具有可塑性。高分子聚合物与低分子物质的重要区别还在于高分子聚合物没有精确、固定的相对分子质量。同一种高分子聚合物所含相对分子质量的大小并不一样，因此只能采用平均相对分子质量来描述。例如，低密度聚乙烯的平均相对分子质量为 1.5 万～3.5 万，高密度聚乙烯的平均相对分子质量为 8 万～14 万。高分子聚合物常用来制造合成树脂、合成橡胶和合成纤维，这三大合成材料是材料工业的重要支柱。

塑料以合成树脂为主要成分，它由合成树脂和根据不同的需要而增添的不同添加剂所组成，包括合成树脂、稳定剂、充填剂、增塑剂、润滑剂、着色剂、固化剂。

2. 塑料分类

1）按制造方法分类

塑料按照合成树脂制造方法可分为聚合树脂和缩聚树脂两类。

根据成型工艺性能，塑料可分为热塑性塑料和热固性塑料两类。热塑性塑料主要由聚合树脂制成，热固性塑料大多数是以缩聚树脂为主，加入各种添加剂制成。热塑性塑料的特点是受热后软化或熔融，此时可成型加工，冷却后固化，再加热仍可软化。热固性塑料在开始受热时也可以软化或熔融，但是一旦固化成型就不会再软化。

热塑性塑料的分子结构呈链状或树枝状，常称为线型聚合物。这些分子通常互相缠绕但并不连接一起，受热后具有可塑性。热塑性塑料又可分为无定形塑料和结晶形塑料两类。用于结晶形的常用塑料如聚乙烯、聚丙烯、聚酰胺（尼龙）等；属于无定形的常用塑料如聚苯乙烯、聚氯乙烯、ABS 等。

热固性塑料在加热开始时也具有链状或树枝状结构。但在受热后这些链状或树枝状分子逐渐结合成网状结构（称之为交联反应），成为既不熔化又不溶解的物质，常称为体型聚合物。由于分子的链与链之间产生了化合反应，所以当再次加热时这类塑料便不能软化。由此可见，热固性塑料的耐热变形性能比热塑性塑料好。常见的热固性塑料有酚醛、脲醛、三聚氰胺甲醛、不饱和聚酯等。

热塑性塑料常采用注射、挤出或吹塑等方法成型。热固性塑料常采用压缩或压注方法成型，有的也可以采用注射成型。常用塑料名称和英文代号如表3-1所示。

表3-1 常用塑料名称和英文代号

塑料种类	塑料名称	代号
热塑性塑料	聚乙烯	PE
	高密度聚乙烯	HDPE
	低密度聚乙烯	LDPE
	聚丙烯	PP
	聚苯乙烯	PS
	丙烯腈-丁二烯-苯乙烯共聚物	ABS
	聚甲基丙烯酸甲酯（有机玻璃）	PMMA
	聚苯醚	PPO
	聚酰胺（尼龙）	PA（N）
	聚砜	PSF
	聚氯乙烯	PVC
	聚甲醛	POM
	聚碳酸酯	PC
热固性塑料	酚醛	PF
	脲醛	UF
	三聚氰胺甲醛	MF
	环氧	EP
	不饱和聚酯	UP

2）按照用途分类

按照用途，塑料又可分为通用塑料、工程塑料及特殊用途的塑料等。通用塑料是指用途最广泛、产量最大、价格最低廉的塑料，如聚乙烯（PE）、聚丙烯（PP）、聚苯乙烯（PS）、聚氯乙烯（PVC）、酚醛（PF）和氨基塑料，它们的产量约占世界塑料总产量的80%。工程塑料是指那些可用作工程材料的塑料，主要有 ABS、聚酰胺（PA）、聚甲醛（POM）、聚碳酸酯（PC）、聚苯醚（PPO）、聚砜（PSF）及各种增强塑料。

3）塑料的可模塑性

可模塑性是指在一定的温度和压力作用下塑料在模具中模塑成型的能力。具有可模塑性的材料可通过注射、压缩和挤出等成型方法制得各种形状的模塑制品。

可模塑性主要取决于塑料的流变性、热性质和其他物理力学性质等，热固性塑料的可模塑性还与聚合物的化学反应性有关。

温度和压力是影响模塑性的主要因素，主要呈现为温度过高，有利于成型，但会引起塑料分解，制品的收缩率也会增大；温度过低则熔体黏度大，流动困难，且因弹性发展，明显地使制品形状稳定性变差。适当地增大压力，能改善熔体的流动比，但过高的压力会引起模具溢料并增加制品的内应力。压力过低又会造成充模不足。除了温度和压力外，模具的结构尺寸也会影响塑料的可模塑性，如模具浇口及型腔尺寸。

3-1-2 塑料的主要成型方法

塑料的成型主要有6种方法。

1．注射成型

塑料的注射成型又称注塑成型。该方法采用注射成型机将粒状的塑料连续输入到注射成型机料筒中受热并逐渐熔融，使其呈黏性流动状态，由料筒中的螺杆或柱塞推至料筒端部，通过料筒端部的喷嘴将熔体射入闭合的模具中，充满后经过保压和冷却，使制品固化定型，然后开启模具取出制品。注射成型主要用于热塑性塑料，现在也用于热固性塑料。

2．挤出成型

挤出成型又称挤塑成型。该方法与注射成型的原理类似，将粒状塑料在挤出机的料筒中完成加热和加压过程，熔体经过装在挤出机机头上的成型口模挤出，然后冷却定型，借助牵引装置拉出，成为具有一定横截面形状的连续制品，如管、槽、板及异型材制品等。挤出成型是热塑性塑料的主要成型方法之一。除了成型加工外，该法还用于塑料的混炼加工，如着色、填充、共混等皆可通过挤出造粒工序来完成。

3．中空成型

中空成型又称吹塑成型。它是制造中空制品和管筒形薄膜的方法。该法先用挤出机或注射机挤出成管筒状的熔融坯料，然后将此坯料放入吹塑模具内，向坯料内吹入压缩空气，使中空的坯料均匀膨胀直至紧贴模具内壁，冷却定型后开启模具取出中空制品。在工业生产中，如瓶、桶、球、壶、箱一类的热塑性塑料制品均可用此法制造。若向挤出机中连续不断挤出的熔融塑料管筒内趁热通入压缩空气，把管筒胀大撑薄，然后冷却定型，可以得到管筒形薄膜，将其截断可热封制袋，也可将其纵向剖开展为塑料薄膜。

4．压缩成型

压缩成型又称压制成型。该法把上下模（或凸、凹模）组成的模具安装在压力机的上下模板之间，塑料粒料（或助料、或预制坯料）在受热和受压的作用下充满闭合的模具型腔，固化定型后得到塑料制品。此法主要用于热固性塑料。

5．压注成型

压注成型又称传递成型。与压缩成型一样，压注成型也是热固性塑料的主要成型方法之一。该法将塑料粒料或坯料装入模具的加料室内，在受热与受压的作用下熔融的塑料通过模具加料室底部的浇注系统（流道与浇口）充满闭合的模具型腔，然后固化成型。该法适合于形状复杂或带有较多嵌件的热固性塑料制品。

6．固相成型

固相成型的特点是使得塑料在熔融温度以下成型，在成型过程中塑料没有明显的流动状态。该法多用于塑料板材的二次成型加工，如真空成型、压缩空气成型和压力成型等。固相成型原来多用于薄壁制品的成型加工，现已能用于制造厚壁制品。

塑料的成型方法除了以上列举的6种外，还有压延成型、浇铸成型、滚塑成型、泡沫成型等。

3-1-3 塑料制品设计过程

塑料制品主要是按照使用要求进行设计，在满足使用要求的前提下，考虑塑料有其特殊的物理力学性能，因此在设计塑料制品时必须充分发挥其性能上的优点，避免其缺点，塑料制品的几何形状应尽可能地做到简化模具结构，符合成型工艺特点，同时还应尽可能美观大方。

1．制品的选材

塑料制品的选材应考虑如下几个方面，以判断其是否能够满足使用要求。

（1）塑料的力学性能，如强度、刚性、韧性、弹性、弯曲性能、冲击性能及对应力的敏感性。

（2）塑料的物理性能，如对使用环境温度变化的适应性、光学特性、绝热和电气绝缘程度、精加工和外观的完满程度等。

（3）塑料的化学性能，如对接触物（水、溶剂、油、药品）的耐性、卫生程度和安全。

（4）必要的精度，如收缩率的大小及各向收缩率的差异。

（5）成型工艺性，如塑料的流动性、结晶性、热敏性等。

通过比较塑料的特性选择合适的材料。

聚丙烯（PP）比高密度聚乙烯（HDPE）有许多占优势的性能，如PP的光泽性好，外观漂亮，由于收缩率较HDPE小，制品细小部位的清晰度好，表面可制成皮革图案。而HDPE的收缩率较大，制品表面的细微处难以模塑成型。PP的透明性也比HDPE好，因此要求透明的制品，如注射器和其他医疗器具、吹塑容器等均可选择PP。PP的尺寸稳定性也优于HDPE，可采用PP制造较大平面的薄壁制品。PP的热变形温度高于HDPE，因此可用PP制造耐热性餐具。但是，HDPE的耐冲击性能比PP强，即使在低温下韧性也好，因此HDPE适合制造寒冷地区使用的货箱及冷藏室中使用的制品。HDPE适应气候的能力优于PP，像啤酒瓶周转箱、室外垃圾箱等塑料制品均宜于采用HDPF制造。

2．塑料制品几何形状

塑料制品几何形状的设计包括脱模斜度、制品壁厚、加强肋、圆角、孔、支承面、标志及花纹等的设计。在设计时应在满足使用要求的基础上，一方面使模具结构尽量简单，另一方面使制品的几何形状能适应成型工艺的要求。

1）脱模斜度

由于制品冷却后产生收缩，会紧紧地包住模具型芯或型腔中凸出的部分，为了使制品易于从模具内脱出,在设计时必须保证制品的内外壁具有足够的脱模斜度。

脱模斜度与塑料的品种、制品的形状及模具的结构等有关,一般情况下脱模斜度取 0.5°,最小为 15′~20′。

2)制品壁厚

制品应有一定的壁厚,这不仅是为了制品在使用中有足够的强度和刚度,而且也为了塑料在成型时有良好的流动状态。有的制品在使用中需要的强度虽然很小,但是为了使制品便于从模具中顶出及部件的装配,仍需有适当的厚度。

根据成型工艺的要求,应尽量使制品各部分壁厚均匀,避免有的部位太厚或太薄,否则成型后因收缩不均匀会使制品变形或产生缩孔、凹陷、烧伤及填充不足等缺陷。为了使壁厚均匀,在可能的情况下常常是将厚的部分挖空使壁厚尽可能一致。如果在结构上要求具有不同的壁厚,不同壁厚比例不应超过 1:3,且不同壁厚应采用适当的修饰半径使厚薄部分缓慢过渡。热塑性塑料制品的壁厚一般在 1~4mm 之间。壁厚过大,易产生气泡和凹陷,同时也不易冷却。若制品的强度不够,可设置加强肋。

热固性塑料制品的厚度一般在 1~6mm 之间。

3)加强肋

加强肋的作用是在不增加制品壁厚的条件下增加制品的刚度和强度。在制品中适当设置加强肋,还可以防止制品翘曲变形。

原则上,肋的厚度不应大于壁厚,否则壁面会因肋根部的内切圆处的缩孔而产生凹陷。加强肋的高度也不宜过高,以免肋部受力破损。为了得到较好的增强效果,可用数个高度较矮的肋来代替孤立的高肋。若能够将若干个小肋连成栅格,则强度能显著提高。加强肋的设置方向除应与受力方向一致外,还应尽可能与熔体流动方向一致,以免料流受到搅乱使制品的韧性降低。

若制品中需设置许多加强肋,其分布排列应相互错开,以避免收缩不均引起破裂。

加强肋不应设置在大面积制品的中央部位。当中央部位必须设置加强肋时,应在其所对应的外表面上加设楞沟,以便遮掩可能产生的流纹和凹坑。

4)圆角

为了避免应力集中,提高塑料制品的强度,改善熔体的流动情况和便于脱模,在制品各内外表面的连接处,均应采用过渡圆弧。制品上的圆角对于模具制造、提高模具的强度也是必要的。在无特殊要求时,制品的各连接处均应有半径不小于 0.5~1mm 的圆角。一般外圆弧半径应是壁厚的 1.5 倍,内圆角半径应是壁厚的 0.5 倍。

5)孔

制品上各种孔的位置应尽可能开设在不削弱制品的机械强度的部位,孔的形状也应力求不增加模具制造工艺的复杂性。孔间距、孔边距不应太小,否则在装配时孔的周围易破裂。

6)支承面

以制品的整个底面作为支承面是不合理的,因为制品稍许翘曲或变形就会使底面不平。

通常采用凸起的边框或底脚(三点或四点)来作为支承。

3. 分型面的确定

模具上用以取出制品和浇注系统凝料的可分离的接触表面称为分型面。在制品设计时，必须考虑分型面的形状和位置，否则无法用模具成型，在设计模具时首先确定分型面位置，然后才能选择模具的结构。分型面的设计是否合理，对制品质量、工艺操作难易程度和模具的设计与制造都有很大影响。

1) 分型面的形状和方位

分型面的形状应尽可能简单，以便于制品脱模和模具的制造。分型面可以是平面、阶梯面或曲面，一般只采用一个与注射机开模方向相垂直的分型面，而且尽可能采用简单的平面作为分型面，在特殊情况下才采用较多的分型面。应尽量避免与开模运动方向垂直的侧向分型和侧向抽芯，因为这会增加模具结构的复杂性。

2) 分型面的位置

（1）分型面必须开设在制品断面轮廓最大的部位才能使制品顺利地脱模。

（2）因为分型面不可避免地要在制品上留下痕迹，所以分型面最好不选在制品光滑的外表面或带圆弧的转角处。

（3）在注射成型时因推出机构一般设置在动模一侧，故分型面尽量选在能使制品留在动模内的地方。

（4）对于同轴度要求高的制品（如双联齿轮）等，在选择分型面时，最好把要求同轴的分型面选在同一侧。

（5）一般侧向分型抽芯机构的侧向抽拔距离都较小，因此选择分型面时应将抽芯或分型距离长的一边放在动、定模开模的方向上，而将短的一边作为侧向分型的抽芯。

（6）因侧向合模锁紧力较小，故对于投影面积较大的大型制品，应将投影面积大的分型面放在动、定模的合模主平面上，而将投影面积较小的分型面作为侧向分型面。

（7）当分型面作为主要排气面时，应将分型面设计在料流的末端以利于排气。

3-1-4 注塑模具基本结构

1. 单分型面注射模

单分型面注射模为一副热塑性塑料注射模，图 3-1（a）所示为合模状态，图 3-1（b）所示为开模状态。它是一副单水平分型面、多型腔的固定式注射模。它由动模和定模两大部分构成。动模安装在注射机的移动模板上，定模安装在注射机的固定模板上。利用注射机的合模机构，实现模具的开启或闭合。注射时动模与定模闭合构成型腔和浇注系统，以便熔体充模而形成塑件。开模时动模与定模分开，动模退到一定距离后，模具推出机构与注射机的固定顶出杆相碰，从而由推杆和拉料杆将塑件及浇注系统凝料推出模外。

模具的成型零件有型芯 4、凹模 5；浇注系统零件有主浇道衬套 8、拉料杆 1；导向零件有带头导柱 3、带导向孔的定模板 10；推出机构的零件有推杆 2、推杆固定板 14、推板 15；支承零件有定模座板 9、定模板 10、动模板 11、支撑板 12、垫块 13。该模在凹模和型芯上开设有冷却通道 6，以便调节模具温度。

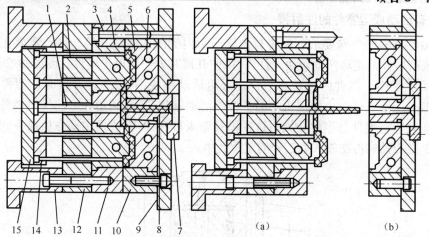

1—拉料杆；2—推杆；3—带头导柱；4—型芯；5—凹模；6—冷却通道；7—定位圈；8—主浇道衬套；
9—定模座板；10—定模板；11—动模板；12—支撑板；13—垫块；14—推杆固定板；15—推板

图 3-1　固定式注射模的基本结构

2．双分型面注射模

如图 3-2 所示，它与单分型面注射模相比，增加了一个用于取浇注系统凝料或其他功能的辅助分型面 $A—A$，分型面 $B—B$ 打开用于取塑件，因此，称为双分型面注射模（亦称顺序分型注射模）。开模时，在弹簧 7 的作用下，中间板 11 与定模座板 10 在 $A—A$ 处定距分型。其分型距离由定距拉板 8 和限位钉 6 联合控制，以便取出在两板间的浇注系统凝料。继续开模时，模具便在 $B—B$ 分型面分型，塑件与凝料拉断并留在型芯上到动模一侧，最后在注射机的固定顶出杆的作用下，推动模具的推出机构，将型芯上的塑件推出。

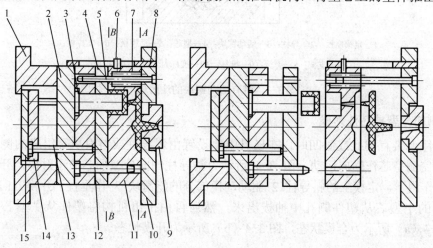

1—支架；2—支撑板；3—凸模固定板；4—推件板；5—导柱；6—限位钉；7—弹簧；8—定距拉板；9—主浇道衬套；
10—定模座板；11—中间板（浇道板）；12—导柱；13—推杆；14—推杆固定板；15—推板

图 3-2　卧式双分型面注射模

这种注射模主要用于点浇口的注射模、侧向分型抽芯机构设在定模一侧的注射模，以及因塑件结构特殊需要的顺序分型注射模中，它们的结构比较复杂。

3. 带有活动成型零件的注射模

由于塑件结构的特殊要求，如带有内侧凸、内侧凹或螺纹孔等塑件，需要在模具中设置活动的成型零件，也称活动镶块（件），以便开模时方便地取出塑件。图 3-3 所示为带有活动镶块的注射模，制件内侧带有凸台，采用活动镶块 3 成型，开模时，塑件留在凸模上，待分型一定距离后，由推出机构的推杆将活动镶块 3 连同塑件一起推出模外，然后由人工或其他装置将塑件与镶件分离。这种模具要求推杆 9 完成推出动作后能先回程，以便活动镶块 3 在合模前再次放入型芯 4 的定位孔中。

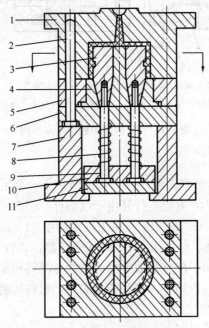

1—定模座板；2—导柱；3—活动镶块；4—型芯；5—动模板；6—支撑板；
7—支架；8—弹簧；9—推杆；10—推杆固定板；11—推板

图 3-3 带有活动镶块的注射模

4. 侧向分型抽芯注射模

当塑件上带有侧孔或侧凹时，在模具中要设置由斜导柱或斜滑块等组成的侧向分型抽芯机构，使侧型芯作横向运动。图 3-4 所示为斜导柱侧向分型抽芯的注射模，开模时，在开模力的作用下，定模上的斜导柱 2 驱动动模部分的斜滑块 3 作垂直于开模方向的运动，使其前端的小型芯从塑件侧孔中抽拔出来，然后再由推出机构将塑件从主型芯上推出模外；图 3-4（a）所示为合模状态，图 3-4（b）所示为开模状态。

5. 定模设推出机构的注射模

通常模具开模后，要求塑件留在有推出机构的动模一侧，但有时由于某些塑件的特殊要求或受形状限制，开模后塑件将留在定模一侧或留在动、定模的可能性都有，为此，应在定模一侧设置推出机构。如图 3-5 所示，开模后塑件（衣刷）留在定模上，待分型到一定距离后，由动模通过定距拉板或链条等带动定模一侧的推板，将塑件从定模的型芯上脱出。

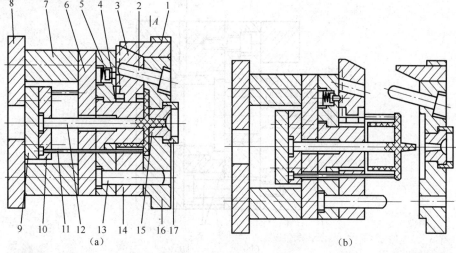

1—楔紧块；2—斜导柱；3—斜滑块；4—型芯；5—固定板；6—支撑板；7—支架；8—动模座板；9—推板；
10—推杆固定板；11—推杆；12—拉料杆；13—导柱；14—动模板；15—主浇道衬套；16—定模板；17—定位环

图 3-4 带侧向分型抽芯的注射模

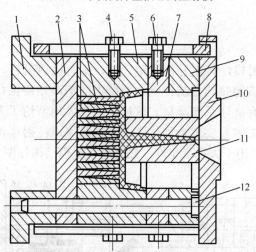

1—模角；2—支撑板；3—成型镶片；4—拉板固定螺钉；5—动模；6—螺钉；
7—推件板；8—拉板；9—定模板；10—定模座板；11—型芯；12—导柱

图 3-5 定模设有推出机构的注射模

6. 自动卸螺纹的注射模

对于带有内螺纹或外螺纹的塑件，要求在注射成型后自动卸螺纹时，可在模具中设置能转动的螺纹型芯或型环，利用注射机本身的旋转运动或往复运动，将螺纹塑件脱出。如图 3-6 所示为在角式注射机上设有自动卸螺纹机构的注射模。为了防止塑件跟随螺纹型芯一起转动，一般要求塑件外形具有防转结构，图 3-6 中是利用塑件端面的凸起图案来防止塑件随螺纹型芯转动的。开模时，模具从 $A—A$ 处分开的同时，螺纹型芯 1 由注射机的开合模丝杆带动旋转并开始从塑件中旋出，此时，塑件暂时留在型腔内不动，当螺纹型芯在塑件内还有一扣或半扣时，定距螺钉 4 使模具从 $B—B$ 分型面分开，塑件即被带出型腔，并

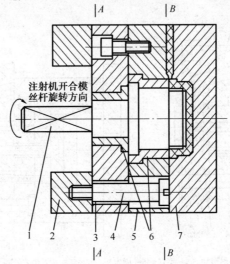

1—螺纹型芯；2—支架；3—支撑板；4—定距螺钉；5—动模板；6—衬套；7—定模板

图 3-6 带有自动卸螺纹机构的注射模

与螺纹型芯也脱离。

7. 热流道注射模

普通的浇注系统注射模，每次开模取塑件时，都有浇道凝料。热流道注射模是在注射成型过程中，利用加热或绝热的办法使浇注系统中的塑料始终保持熔融状态，在每次开模时，只需取出塑件而没有浇注系统凝料。这样，就大大地节约了人力物力，且提高了生产率，保证了塑件质量，更容易实现自动化生产。但热流道注射模结构复杂，温度控制要求严格，模具成本高，故适用于大批量生产。热流道注射模结构如图 3-7 所示。

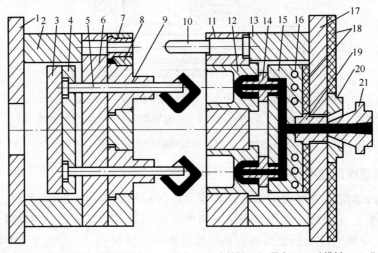

1—动模座板；2—支架；3—推板；4—推杆固定板；5—推杆；6—支撑板；7—导套；8—动模板；9—凸模；10—导柱；
11—定模板；12—型芯；13—支架；14—喷嘴；15—热流道板；16—加热器孔道；17—定模座板；18—绝热层；
19—主浇道衬套；20—定位环；21—注射机喷嘴

图 3-7 热流道注射模

项目 3 注塑模设计

任务 3-2 旋钮注塑模设计

在 UG NX 8.0 主程序下打开项目 2 完成的"knob.prt",单击  按钮,从下拉菜单中选择"所有应用模块"中的注塑模向导,如图 3-8 所示。

1. 项目初始化

单击 按钮,系统打开"初始化项目"对话框,如图 3-9 所示,材料选择"尼龙",收缩率是材料库中已有的"1.016",配置"Mold.V1",项目单位为"毫米",单击"确定"按钮,完成项目的初始化。观察"装配导航器",如图 3-10 所示,Moldwizard 使用装配克隆功能,创建了一个装配结构的复制品,其中包括项目装配结构和产品装配结构,产品装配结构包含在 layout 分支下。在 prod 子装配结构中包括 shring、parting、core、cavity、trim、molding 等子装配文件,可以用"复制"和"粘贴"等命令在 layout 节点下生成多个 prod 节点来制作多腔模具。

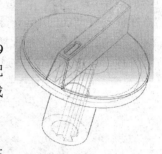

图 3-8 旋钮零件

图 3-9 "初始化项目"对话框　　　　图 3-10 项目装配结构和产品装配结构

2. 建立模具坐标系

模具坐标系的定义过程，就是将产品子装配从工作坐标系（WCS）移植到模具装配的绝对坐标系（ACS），并以该绝对坐标系（ACS）作为注塑模向导的模具坐标系（Mold Csys）。

通过单击"格式"→"WCS"→"旋转"可以改变目前产品坐标系的 Z 轴方向，也可以通过单击"格式"→"WCS"→"原点"改变目前产品坐标系的坐标原点，使坐标系原点在模架分型面的中心，且+ZC 方向指向喷嘴。

单击 按钮，系统打开"模具 CSYS"对话框，如图 3-11 所示，选中"当前 WCS"单选项，单击"确定"按钮。

图 3-11 "模具 CSYS"对话框

3. 设置收缩率

在"初始化项目"对话框中选择了材料为"尼龙"，其收缩率为"1.016"。单击 按钮，系统打开"缩放体"对话框，如图 3-12（a）所示，类型为"均匀"，比例因子为"1.016"。在图 3-12（b）类型为"轴对称"和图 3-12（c）类型为"常规"中，可以选择不同方向上的收缩率不同。

(a)　　　　　　　　　(b)　　　　　　　　　(c)

图 3-12 "缩放体"对话框

4. 创建工件

1）型芯子镶块创建

单击 按钮，系统打开"工件"对话框，如图 3-13 所示，类型选中"产品工件"，工件方法选中"仅型芯",单击工件库按钮,系统弹出"子镶块设计"对话框,如图 3-14 所示,成员视图中包括对象,选中CORE SUB INSERT Moldwizar…。"子镶块设计"对话框提供了一些成型镶件的形状和详细信息,如图 3-15 所示。改变"子镶块设计"对话框中详细信息中对应名称中的值:名称"SHAPE"值选择"ROUND",圆形镶块信息如图 3-16 所示;名称"FOOT"值选择"ON","MATERIAL"值选择"P20","INSERT BOTTOM"值设为"-35","X-LENGTH"值设为"38","Z-LENGTH"值设为"60",其他应用系统设定值。单击"应用"按钮添加实例,系统弹出"点"对话框,如图 3-17 所示。单击"确定"按钮,设计出子镶块,如图 3-18 所示。单击"取消"按钮,系统回到"子镶块设计"对话框,单击"确定"按钮,系统回到"工件"对话框,工件体选择创建的镶块,单击"应用"按钮。

图 3-13 "工件"对话框

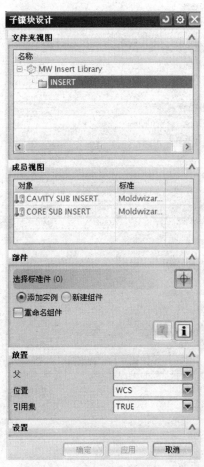

图 3-14 "子镶块设计"对话框

2)型腔子镶块创建

工件方法选中"仅型腔",单击工件库按钮,系统弹出"子镶块设计"对话框,选中 CORE SUB INSERT　　Moldwizar…,改变"子镶块设计"对话框中详细信息中对应名称中的值:名称"SHAPE"值选择"ROUND",名称"FOOT"值选择"ON","MATERIAL"值选择"P20","INSERT BOTTOM"值设为"25","X-LENGTH"值设为"38","Z-

LENGTH"值设为"40",其他应用系统设定值。单击"应用"按钮添加实例,设计出子镶块,如图 3-19 所示。单击"确定"按钮,系统回到"工件"对话框,工件体选择刚创建的子镶块,如图 3-20 所示,单击"确定"按钮。

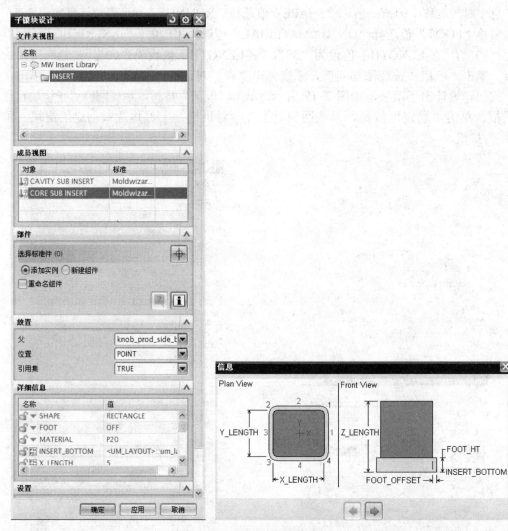

图 3-15 子镶块设计详细信息

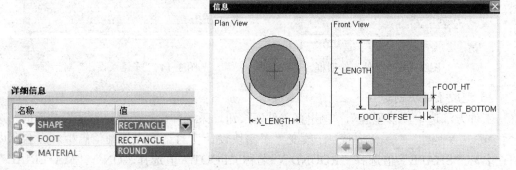

图 3-16 圆形镶块信息

项目 3 注塑模设计

图 3-17 "点"对话框

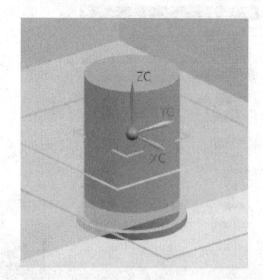

图 3-18 子镶块 1

图 3-19 子镶块 2

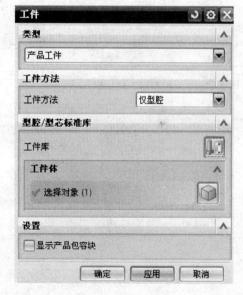

图 3-20 选择工件体

5. 型腔布局

布局功能可以添加、移除和重定位模具装配结构里的分型组件。

单击 按钮,系统弹出图 3-21 所示的"型腔布局"对话框,布局类型选择"矩形",选中"平衡"单选项,可在 X—Y 面上旋转和转换来定位布局节点的多个列阵。指定矢量选择+XC,型腔数为"4",第一距离和第二距离都选择"14",单击 开始布局按钮,结果如图 3-22 所示。单击 自动对准中心按钮,用于布局所有的型腔,而不仅仅是高亮度的型腔。系统搜索全部型腔,得到布局的中心点,并把该中心点移到绝对坐标系原点。该位置与标准模架中心相适应,即 X—Y 平面为主分型面,+ZC 指向喷嘴,如图 3-23 所示。

图 3-21 "型腔布局"对话框

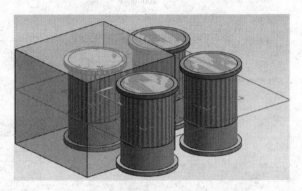

图 3-22 型腔布局

图 3-23 自动对准中心后布局

6. 分型创建型腔和型芯

单击 按钮,系统打开"模具分型工具"对话框进行型腔创建。

1)区域分析

单击 按钮,系统打开"检查区域"对话框,如图 3-24 所示。选中"计算"选项卡,单击计算器标识,系统开始对产品模型进行分析计算;选中"面"选项卡,可以查看分析结果;选中"区域"选项卡,如图 3-25 所示,取消选中"内环"、"分型边"、"不完整的环" 3 个复选框,单击 设置区域颜色按钮,设置各区域颜色,未定义区域 1 个如图 3-26 所示,单击 选择区域面按钮,交叉面为型腔,选择如图 3-27 所示,单击"确定"按钮。

项目3 注塑模设计

图 3-24 "检查区域"对话框

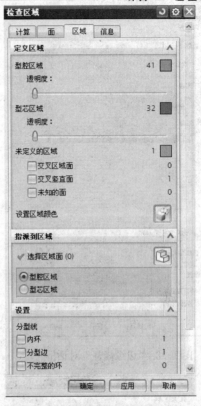

图 3-25 "区域"设定

图 3-26 显示交叉区域

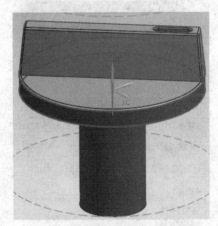

图 3-27 交叉区域设为型腔

2）曲面补片

单击 曲面补片 按钮，系统弹出"边缘修补"对话框，如图 3-28 所示，类型为"体"，选中产品模型，单击"确定"按钮，修补孔如图 3-29 所示。

3）定义区域

单击 定义区域 按钮，系统打开"定义区域"对话框，如图 3-30 所示，选中"所有面"，选中"创建区域"、"创建分型线"复选框，单击"确定"按钮，创建结果如图 3-31 所示。

图 3-28 "边缘修补"对话框　　　　图 3-29 修补孔

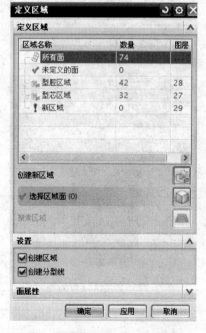
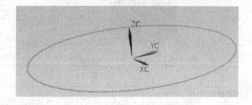

图 3-30 "定义区域"对话框　　　　图 3-31 分型线

4）设计分型面

单击 按钮，系统打开"设计分型面"对话框，如图 3-32 所示，在创建分型面方法中选中"有界平面" ，在分型面长度文本框输入值 60，然后按 Enter 键，单击"确定"按钮，创建的分型面如图 3-33 所示。

项目3 注塑模设计

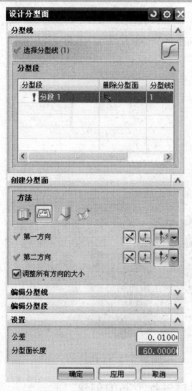

图 3-32 "设计分型面"对话框

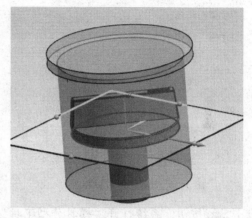

图 3-33 分型面

5）定义型腔

单击 按钮，系统打开"定义型腔和型芯"对话框，如图 3-34 所示。选择片体区域中的"型腔区域"，其他参数采用系统默认设置值，单击"确定"按钮，系统弹出"查看分型结果"对话框，接受系统默认的方向，单击"确定"按钮，完成型腔零件的创建，如图 3-35 所示。

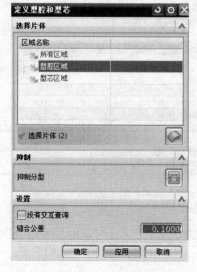

图 3-34 "定义型腔和型芯"对话框

图 3-35 型腔

97

6）定义型芯

单击"工件"按钮，系统弹出"工件"对话框，如图 3-36 所示，工件方法选择"仅型芯"，工件体选择如图 3-37 所示。

图 3-36 "工件"对话框

图 3-37 选择型芯

单击 按钮，系统打开"模具分型工具"对话框进行型芯的创建，此时显示型芯分型如图 3-38 所示。单击 按钮，系统打开"定义型腔和型芯"对话框，如图 3-39 所示，选择片体区域中的"型芯区域"，其他参数采用系统默认设置值，单击"确定"按钮，系统弹出"查看分型结果"对话框，接受系统默认的方向，单击"确定"按钮，完成型芯零件的创建，如图 3-40 所示。

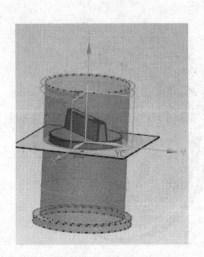

图 3-38 型芯分型

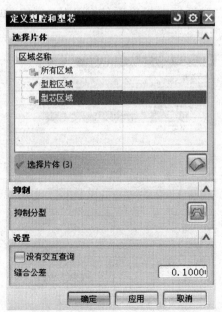

图 3-39 "定义型腔和型芯"对话框

项目3 注塑模设计

7. 调整型腔布局

自动形成的型腔布局如图 3-41 所示，考虑到浇口位置，需要将体 1、体 3 转 90°。单击 按钮，系统自动弹出"型腔布局"对话框，如图 3-42 所示，单击移除 按钮，系统删除布局中的体 1；单击变换 按钮，系统自动弹出"变换"对话框，如图 3-43 所示，选择体 3 如图 3-44 所示，类型选择"旋转"，指定枢轴点，单击 按钮，系统弹出"点"对话框，各项选择如图 3-45 所示。单击"确定"按钮，系统回到"变换"对话框，角度选择"90"并单击"确定"按钮，旋转结果如图 3-46 所示。将体 2 转-90°复制到体 1 位置，再将体 2 转 90°，结果如图 3-47 所示。

图 3-40 型芯

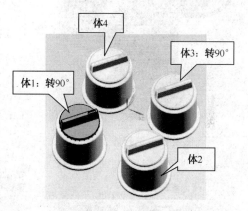

图 3-41 自动形成的型腔布局

图 3-42 "型腔布局"对话框

图 3-43 "变换"对话框

图3-44 选择体3

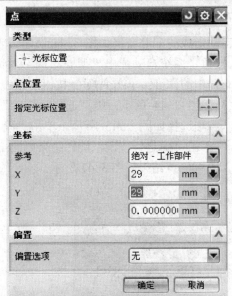

图3-45 指定枢轴点

图3-46 体3旋转结果

图3-47 旋转后的结果

8. 创建型芯镶件

选择下拉菜单 窗口(O)→ ✓ 1.knob_core_006.prt，系统显示型芯工作零件。

1）创建拉伸特征1

（1）单击 按钮，系统弹出"拉伸"对话框，选择曲线如图3-48所示，开始"值"距离为"0"，结束"值"距离为"直至选定对象"，布尔运算为"无"，如图3-49所示。"直至选定对象"选择如图3-50所示，单击"确定"按钮，完成拉伸特征1的创建。

（2）单击 按钮，系统弹出"求交"对话框，选择型芯为目标体，选取拉伸特征1圆柱为工具体。在设置区域选中"保存目标"复选框，如图3-51所示，单击"确定"按钮，完成求交特征创建。

（3）单击 按钮，系统弹出"求差"对话框，选择型芯为目标体，选取拉伸特征1圆柱为工具体。在设置区域选中"保存工具"复选框，如图3-52所示，单击"确定"按钮，完成求差特征创建。

项目3 注塑模设计

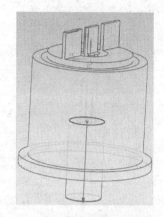

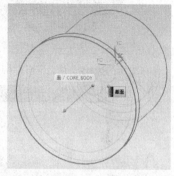

图3-48 选择曲线　　　图3-49 拉伸值选择　　　图3-50 结束选定对象

图3-51 求交选择　　　　　　　　图3-52 求差选择

2）创建拉伸特征2

(1) 选择菜单"格式"→WCS，绕Z轴转45°。

(2) 单击草绘按钮，系统弹出创建草图对话框，选择 在平面上→现有平面，选择如图3-53所示的草绘平面，单击"确定"按钮，草绘图如图3-54所示，单击 完成草图按钮。

(3) 单击按钮，系统弹出"拉伸"对话框，选择草绘曲线，开始"值"距离为"0"，结束"值"距离为"3"，布尔运算为"无"，如图3-55所示，单击"确定"按钮，完成拉伸特征2的创建，如图3-56所示。

(4) 单击按钮，系统弹出"求交"对话框，选择型芯为目标体，选取拉伸特征2圆柱为工具体。设置区域选中"保存目标"复选框，单击"确定"按钮，完成求交特征创建。

图 3-53 草绘平面

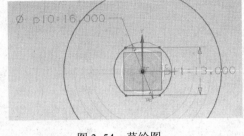

图 3-54 草绘图

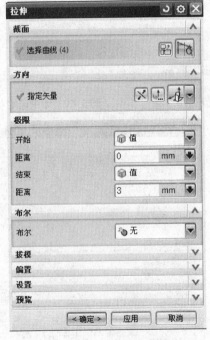

图 3-55 拉伸参数选择

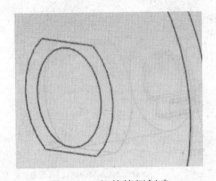

图 3-56 拉伸特征创建

(5) 单击 按钮，系统弹出"求差"对话框，选择型芯为目标体，选取拉伸特征 2 圆柱为工具体。在设置区域选中"保存工具"复选框，单击"确定"按钮，完成求差特征创建。

3) 求和完成子镶块创建

单击 按钮，系统弹出"求和"对话框，选择型芯中间芯为目标体，如图 3-57 (a) 所示，选择拉伸特征 1 和拉伸特征 2 为工具体，如图 3-57 (b)、(c) 所示。在设置区域选中"保存目标"和"保存工具"复选框，单击"确定"按钮，完成求和特征的创建。

4) 将子镶块转化为型芯的子零件

(1) 单击"装配导航器"中的 选项卡，系统弹出"装配导航器"窗口，在该窗口中右击空白处，然后在系统弹出的菜单中选择"WAVE 模式"选项。

项目3 注塑模设计

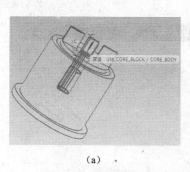

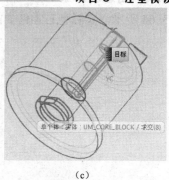

(a) (b) (c)

图 3-57 求和目标体和工具体选择

（2）在"装配导航器"对话框中右击 knob_core_006，在系统弹出的菜单中选择"WAVE"→"新建级别"命令，系统弹出"新建级别"对话框，如图 3-58 所示。单击"指定部件名"按钮，系统弹出"选择部件名"对话框，如图 3-59 所示，在文件名文本框中输入"knob_core_pin01"，单击"OK"按钮，系统返回"新建级别"对话框，如图 3-60 所示。单击"类选择"按钮，系统弹出"WAVE 组件间的复制"对话框，如图 3-61 所示，对象选择创建的子镶块，如图 3-62 所示，单击"确定"按钮，系统返回"新建级别"对话框。单击"确定"按钮，此时在"装配导航器"对话框中显示出刚创建的子镶块，如图 3-63 所示。

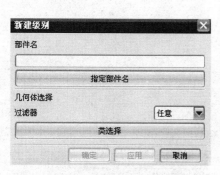

图 3-58 "新建级别"对话框　　　　图 3-59 指定部件名

5）移动至图层

（1）单击"装配导航器"中的选项卡，在选项卡中取消选中 knob_core_pin01 部件。

（2）选中子镶块，选择下拉菜单"格式"→"移动至图层"命令，系统弹出"图层移动"对话框，在"目标图层或类别"文本框中输入数值 10，单击"确定"按钮。

（3）单击"装配导航器"中的选项卡，在选项卡中选中 knob_core_pin01 部件，右击 knob_core_pin01，在弹出的快捷菜单中选择"设为显示部件"，系统显示子镶块如

图 3-64 所示，实际型芯零件如图 3-65 所示。

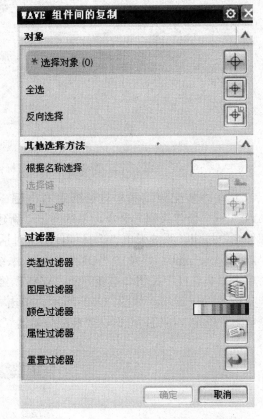

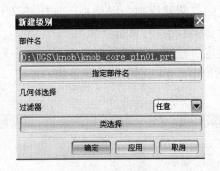

图 3-60 类选择　　　　图 3-61 "WAVE 组件间的复制"对话框

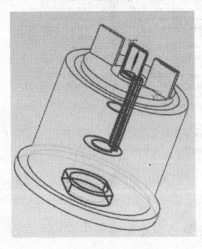

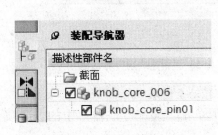

图 3-62 子镶块选择　　　　图 3-63 生成子镶块

9. 创建模架

在下拉菜单"窗口"中选中 knob_top_000.prt，单击"装配导航器"中的 选项卡，双击 ☑ knob_top_000 。

图 3-64 子镶块零件　　　　　图 3-65 型芯零件图

1）装配模架

单击 按钮，系统弹出"模架设计"对话框，如图 3-66 所示，Moldwizard 模架库中包含了 DME、HASCO 和 UNIVERSAL 等厂家的标准模架系列。

在"目录"下拉列表中选择模架的供应商 DME。"类型"下拉列表中指出供应商的标准模具的详细类型。2A 表示 2 板式 A 型，即定板 2 板、动板 1 板；2B 表示 2 板式 B 型，即定板 2 板、动板 2 板；TCP 为定模座板，即固定在连接定模部分和安装在注塑机上的板；AP 为定模固定板，即为镶嵌凹模的板；BP 为动模固定板，即为镶嵌凸模的板；CP 为垫板，作用是为了使推板能够完成推顶动作而形成空间；BCP 为动模座板，即固定在连接动模部分和安装在注塑机上的板；SPP 为动模垫板；3A 表示 3 板式 A 型，即在 2 板式 B 型基础上增加一个浮动板，位于动模固定板和动模固定板之间；3B 表示 3 板式 B 型，即在 2 板式 B 型基础上增加两个浮动板，位于动模固定板和动模固定板之间；3C 表示 3 板式 C 型，是在 2 板式 A 型基础上增加一个浮动板；3D 表示 3 板式 D 型，是在 2 板式 A 型基础上增加两个浮动板。

目录选择 FUTABA_S，类型选择 SA，索引系统自动选择 1818，其依据是保存在布局信息中的型腔布局信息，修改 AP_h=25, BP_h=35, CP_h=50，如图 3-67 所示，单击"确定"按钮，系统自动装配模架，如图 3-68 所示。制造后的实际装配模具如图 3-69 所示，定模板零件如图 3-70 所示，动模板零件如图 3-71 所示。

2）腔体设计

单击"注塑模向导"工具栏中的"腔体"按钮 ，系统自动弹出"腔体"对话框，选择"减去材料"，目标体设为定模板，刀具设为型腔，单击"应用"按钮，生成定模板腔体。目标体设为动模板，刀具设为型芯，单击"应用"按钮，生成动模板腔体。

10．定位圈及主流道衬套

（1）单击 按钮，系统弹出"标准件管理"对话框，如图 3-72 所示。名称选择"FUTABA_MM"→ Locating Ring Interchangeable，成员视图选择 Locating Ring [M-LR]，系统弹出定位圈信息，如图 3-73 所示，通过详细信息修改结构尺寸，单击"确定"按钮。单击"注塑模向导"工具栏中的"腔体"按钮 ，系统自动弹出"腔体"对话框，选择"减去材料",目标体设为定模板垫板,刀具设为定位圈,2个螺钉,单击"应用"按钮,生成定模板垫板腔体。

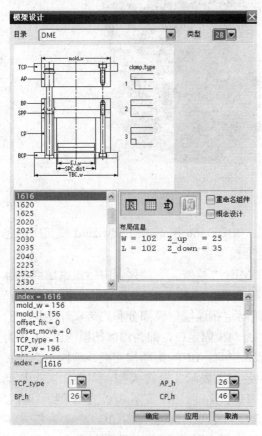

图 3-66 DME 模架类型　　　　　　　图 3-67 FUTABA_S 模架类型

图 3-68 模架设计

图 3-69 装配模具

(2)单击 按钮,系统弹出"标准件管理"对话框,名称选择"FUTABA_MM"→ Sprue Bushing,成员视图选择 Sprue Bushing [M-SJA,系统弹出主流道衬套信息,如图 3-74 所示,单击"确定"按钮,测量衬套底面到定模板的距离为 25,通过详细信息修改结构尺寸,CATALOG LENGTH 原为"10",改成"35",单击"确定"按钮,如图 3-75 所示。单

项目3　注塑模设计

击"注塑模向导"工具栏中的"腔体"按钮，系统自动弹出"腔体"对话框，选择"减去材料"，目标体设为定模板和定模板垫板，刀具设为衬套，2个螺钉，单击"应用"按钮，生成定模板、定模板垫板腔体。

图3-70　定模板零件

图3-71　动模板零件

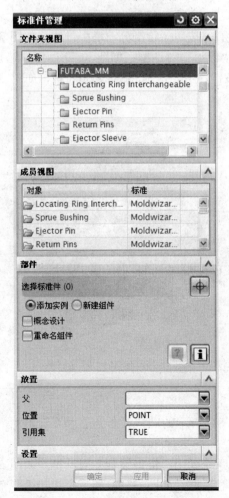

图3-72　"标准件管理"对话框

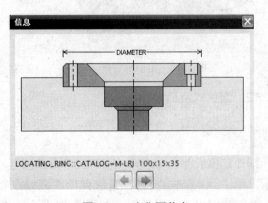

图3-73　定位圈信息

模具设计与制造综合实训（第2版）

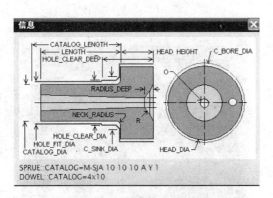

图 3-74　主流道衬套信息

图 3-75　主流道衬套

11．创建分流道

打开定模板零件 knob_b_plate_043，如图 3-76 所示，移动坐标原点到定模板上表面中心，绕 Z 轴转 45°，如图 3-77 所示。单击草绘 按钮，绘制分流道引导线，如图 3-78 所示，单击"完成草图"。单击 按钮，系统弹出"流道"对话框，如图 3-79 所示，选择引导线，"半圆"截面，直径为"8"，单击"确定"按钮，用"腔体"减除流道特征，如图 3-80 所示。

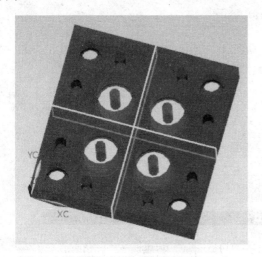

图 3-76　定模板零件

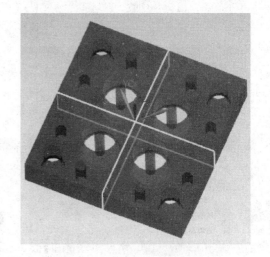

图 3-77　移动和转动坐标系

12．潜伏式浇口设计

打开型芯零件 knob_core_006，草绘如图 3-81 所示的圆，拉伸后在型芯上设计出 1 圆孔。

打开定模板 knob_b_plate_043，单击 按钮，系统弹出"浇口设计"对话框，如图 3-82 所示，单击 浇口点表示 按钮，系统弹出"浇口点"对话框，如图 3-83 所示，单击 点子功能 按钮，系统弹出"点"对话框，如图 3-84 所示，单击"确定"按钮，完成浇口设计。

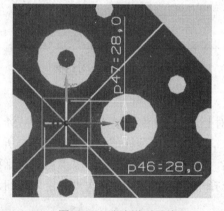

图 3-78 分流道引导线

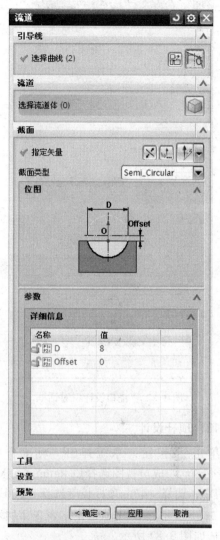

图 3-79 "流道"对话框

图 3-80 分流道设计

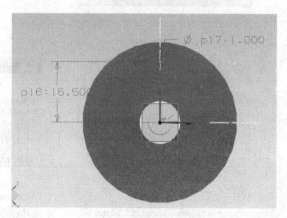

图 3-81 草绘圆

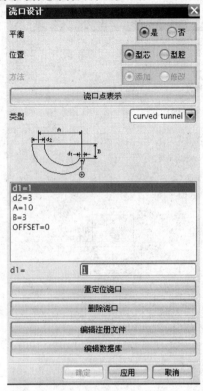

图 3-82 "浇口设计"对话框

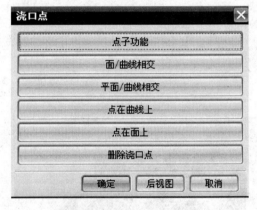

图 3-83 "浇口点"对话框

13. 顶杆设计

单击 按钮,系统弹出"标准件管理"对话框,名称选择"FUTABA_MM"→ Ejector Pin,成员视图选择 Return Pin [M-RPL,M-R...,系统弹出顶杆信息,如图 3-85 所示。PIN_DIA 选择"4",顶杆长度选择"100"并单击"确定"按钮,系统弹出"点"对话框,如图 3-86 所示,X、Y 值选定如表 3-2 所示,每选择一个对象,单击一次"确定"按钮。添加顶杆如图 3-87 所示。

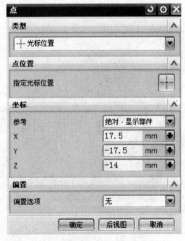

图 3-84 "点"对话框

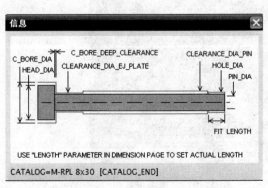

图 3-85 顶杆信息

项目 3 注塑模设计

表 3-2 X、Y 值

序 号	X	Y
1	30	40
2	19	29
3	30	18
4	41	29
5	−30	40
6	−19	29
7	−30	18
8	−41	29
9	30	−40
10	19	−29
11	30	−18
12	41	−29
13	−30	−40
14	−19	−29
15	−30	−18
16	−41	−29

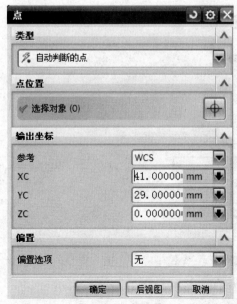

图 3-86 点设计

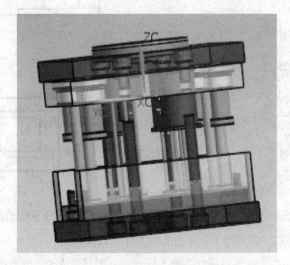

图 3-87 添加顶杆

111

单击"注塑模向导"工具栏中的"腔体"按钮，系统自动弹出"腔体"对话框，选择"减去材料"，目标体设为型芯和动模板垫板，刀具设为顶杆，单击"应用"按钮，生成型芯腔体，如图3-88所示，装配图如图3-89所示。

图 3-88　型芯腔体

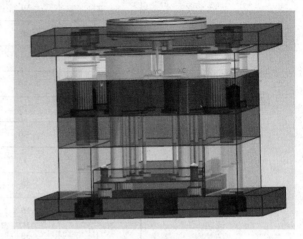

图 3-89　装配图

思考与操作题 3

1. 骨架零件如图 3-90 所示，材料为 ABS，完成产品造型和注塑模模具设计。

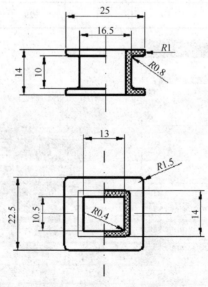

图 3-90　骨架零件

2. 外板零件如图 3-91 所示，材料为 ABS，完成产品造型和注塑模模具设计。

3. 罩盖零件如图 3-92 所示，材料为 ABS，完成注塑模模具设计，数模文件 zhaogai.prt 可在资源包中下载。

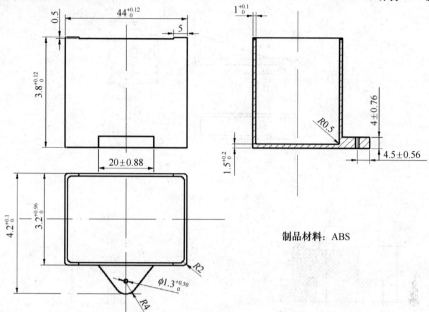

图 3-91　外板零件

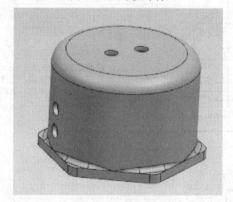

图 3-92　罩盖零件

4. 塑料成型中改善流动性的办法有哪些？
5. 塑料工艺性能的好坏对成型有什么影响？
6. 注塑成型工艺过程包括哪些内容？成型工艺条件如何确定？
7. 选择模具分型面时，需要考虑哪些因素？
8. 影响塑件收缩的因素有哪些？
9. 注塑模结构一般由哪几部分组成？各组成部分的主要作用是什么？
10. 热固性塑料注塑模与热塑性塑料注塑模相比具有哪些不同的特点？
11. 图 3-93 所示的挂钩零件，材料为增强尼龙 1010，大批量生产，完成模具设计。
12. 图 3-94 所示的计算机按钮零件，材料为 ABS，中小批量生产，完成模具设计。
13. 图 3-95 所示的多格盒零件，材料为 PP，中小批量生产，完成模具设计。
14. 脚垫零件如图 3-96 所示，材料为 ABS，完成注塑模模具设计，数模文件 jiaodian.prt 可在资源包中下载。

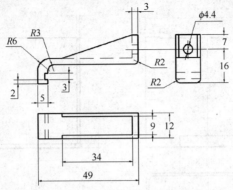

图 3-93 挂钩零件

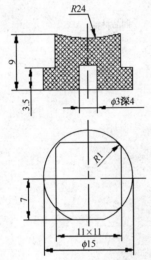 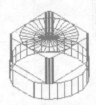

技术要求

该件要求表面光滑,不允许有气泡、裂纹、划痕、缩孔等缺陷,色泽均匀,表面硬度高,不允许有飞边、毛刺及其他外观缺陷。

图 3-94 计算机按钮零件

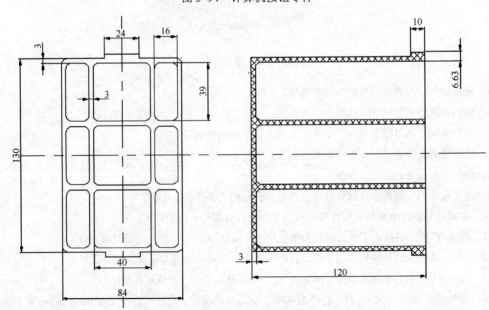

图 3-95 多格盒零件

15. 线轮零件如图 3-97 所示，材料为 ABS，完成注塑模模具设计，数模文件 xianlun.prt 可在资源包中下载。

图 3-96 脚垫零件

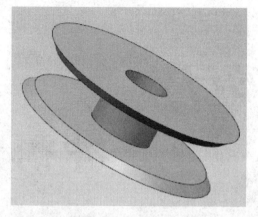

图 3-97 线轮零件

16. 双模盖零件如图 3-98 所示，材料为 ABS，完成注塑模模具设计，数模文件 shuangmogai.prt 可在资源包中下载。

17. 托盘零件如图 3-99 所示，材料为 ABS，完成注塑模模具设计，数模文件 tuopan.prt 可在资源包中下载。

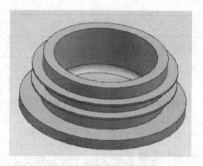

图 3-98 双模盖零件

图 3-99 托盘零件

项目 4 冲模设计

教学导航

教	知识重点	级进模设计基本知识、模具设计的技巧
	知识难点	级进模向导各功能含义与应用
	推荐教学方式	软件演示与理论教学相结合
	建议学时	8～12 学时
学	推荐学习方法	学做合一
	必须掌握的理论知识	UG NX 8.0 产品三维设计的基本技能与理论
做	必须掌握的技能	熟练掌握 PDwizard 建模方法

项目 4　冲模设计

任务 4-1　学习冲模设计基础

冲压是一种先进的金属加工方法，它建立在金属塑性变形的基础上，利用模具和冲压设备对板料金属进行加工，以获得所需要的零件形状和尺寸。

冲压工艺主要分为分离工序和成形工序两大类。分离工序又可分为落料、冲孔、切断、切边等。成形工序则可分为弯曲、拉深、翻孔、翻边、胀形、扩孔、缩口等。

4-1-1　冲压模具的结构特点

冷冲压是利用安装在压力机上的冲模对金属板料施加外力，使材料的内部产生相应的内力。当内力的作用达到一定的数值时，板料毛坯的某个部分便产生与内力的作用性质相对应的变形，使板料分离或产生塑性变形，从而获得所需形状及尺寸的零件。

按照不同的生产特点，冲压工艺方法也是多种多样的。概括起来可以分为分离工序和成形工序两大类。分离工序是指使板料按一定的轮廓线分离而获得一定形状、尺寸和断面质量的冲压件；成形工序则是指坯料在不破裂的条件下产生塑性变形而获得一定形状和尺寸的冲压件的工序。

1．冲裁模具

冲裁是利用模具使板料沿着一定的轮廓形状产生分离的一种冲压工序。

1）冲裁模分类

冲裁模分类如表 4-1 所示。

表 4-1　冲裁模分类

序号	分类方法	模具名称		板料分离状态及模具特点
一	按工序性质分类	1	落料模	沿封闭轮廓将冲件与板料分离，冲下来的部分为冲件
		2	冲孔模	沿封闭轮廓将冲件与板料分离，冲下来的部分为废料
		3	切边模	将冲件多余的边缘切掉
		4	切口模	沿敞开的轮廓将冲件冲出切口，但冲件不完全分离
		5	整修模	切除冲裁件的粗糙边缘，获得光洁垂直的工件断面
		6	精冲模	利用带齿的压料板，在工作时强行压入材料，造成材料的径向压力，通过将冲件与条料分离的冲压行程获得精度高、断面质量好的冲件的模具
二	按工序组合分类	1	单工序模	在一副模具中只完成一个工序的冲模
		2	级进模	在一副模具中的不同位置上完成两个或两个以上的工序，最后将冲件与条料分离的冲模
		3	复合模	在一副模具中的同一位置上，完成几个不同工序的冲模
三	按上、下模导向分类	1	敞开模	模具本身无导向装置，工作完成靠压力机及滑块导轨起作用
		2	导板模	用导板来保护冲裁时凸、凹模的准确位置
		3	导柱模	上、下模分别装有导套、导柱，靠其配合精度来保证凸、凹模的准确位置

2) 冲模零件的分类及作用

冲模零件的分类及作用如表 4-2 所示。

表 4-2　冲模零件的分类及作用

零件种类		零件名称	零件作用
冲模零件	工作零件	凸模、凹模	直接对坯料进行加工，完成板料的分离
		凸凹模	
		刃口镶块	
	定位零件	定位销、定位板	确定冲压加工或工序件在冲模中的正确位置
		挡料销、导正销	
		导料销、导料板	
		侧压板、承料板	
		定距侧刃	
	压料、卸料及出件零件	卸料板	使冲件与废料得以出模，保证顺利实现正常冲压生产
		压料板	
		顶件块	
		推件块	
		废料切刀	
		销钉	
		键	
		弹簧等其他零件	

3) 倒装式复合模

以垫圈的落料和冲孔为例，如图 4-1 所示。

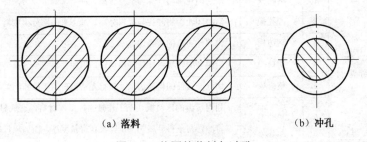

(a) 落料　　　　　　　(b) 冲孔

图 4-1　垫圈的落料与冲孔

倒装式复合模如图 4-2 所示，凸凹模在下模，冲孔废料可直接排出，相对顺装式结构生产率高，制造较简单。

2．弯曲模具

弯曲是将板料、棒料、管料或型材等弯成一定形状和角度零件的成形方法，是板料冲压中常见的加工工序之一。在生产中，弯曲件的形状很多，如 V 形件、U 形件以及其他零件。这些零件可以在压力机上用模具弯曲，也可用专用弯曲机进行折弯或滚弯。

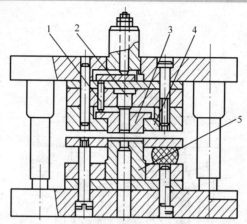

1—推杆；2—冲孔凸模；3—顶件器；4—落料凹模；5—凸凹模

图 4-2　倒装式复合模

板料弯曲时，产生弹性变形，卸载以后，塑性变形保留下来，弹性变形消失，其弹性变形消失结果使板料发生与加载方向相反的变化，称为弹性回跳。

弹性回跳是弯曲成形时常见的现象，弯曲件弹性回跳的结果，其弯曲半径 r 和弯曲角与模具发生差异，与弯曲件要求的形状和角度不一致。这种差异，将影响板料的弯曲质量。

生产实践证明，弯曲件的弹性回跳值，与板料性质、相对弯曲半径 r/t 和模具结构等因素有关。当材料相同时，弹性回跳取决于弯曲半径 r/t 的大小。由于外层纤维受拉，内层纤维受压，所以弯曲区内、外层的切向应力最大，在板的中间层，应力和应变为零。凸模下行，相对弯曲半径不断减小，弯曲区变形程度不断增大，表层的切向应力首先达到屈服点，并逐步向板料中心扩展，这时板料内部处于弹塑性变形状态。凸模继续下行，相对弯曲半径值继续减小，变形程度继续变大，板料内外层和中心切向应力全部超过屈服点进入全塑性弯曲。由此可见板料在弯曲过程中，随着相对弯曲半径的不断减小，由弹性变形状态，最后使板料产生永久变形。

以图 4-3 所示簧片为例，其弯曲模如图 4-4 所示。

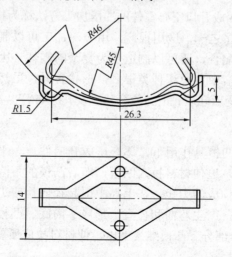

图 4-3　簧片（钢带 65Mn，厚 0.3mm）

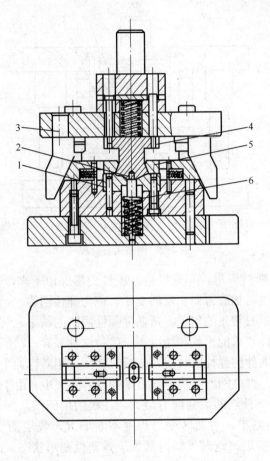

1—凹模；2—定位销；3—斜楔；4—凸模；5—滑块；6—顶板

图 4-4　簧片弯曲模

3．拉深模具

利用模具将平板毛坯变成开口空心零件的冲压加工方法称为拉深。

拉深是主要的冲压工序之一，应用很广，用拉深加工可以制成各种形状的薄壁零件，如果与其他冲压成形工序配合，还可以制造更为复杂的零件。因此，在工业生产中占有相当重要的地位。在冲压生产中，拉深种类很多，形状各异，虽然它们的冲压过程都称为拉深，但其变形区的位置、变形性质、应力应变状态及其分布等也各不相同。

1）拉深过程

平板毛坯在拉深凸、凹模具作用下，逐渐压成开口件。一平板毛坯，放在凸、凹模之间，随着凸模对材料加压，迫使材料拉入凹模，随着凸模的下降，凸凹模对毛坯的外力作用点将沿径向移动，外力构成的力矩，在毛坯中引起径向拉应力，使毛坯发蓝部分产生塑性变形，并逐渐进入凹模，产生弯曲和校直，形成了筒底、凸模圆角、凹模圆角及尚未拉入凹模的凸缘部分等 5 个部分。凸模继续下压，使材料拉成所要求的形状，得到开口空心零件，如图 4-5 所示。

2）拉深模具结构

具体如图4-5所示。

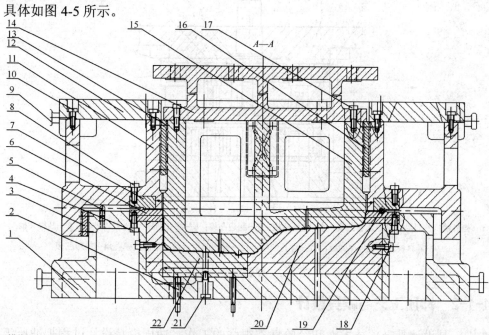

1—下模座；2—顶杆；3—防磨板；4、8、10、13、17、18—内六角螺钉；5—挡料销；6、20—凹模镶块；7—压边圈镶块；9—吊杆；11—压边圈；12—压边圈固定板；14—凸模固定板；15—凸模；16—导板；19—拉深筋；21—限位螺钉；22—顶件块

图4-5 油底壳拉深模

4．级进模具

级进模也叫连续模或跳步模，它是在压力机一次行程中依一定顺序在模具的不同工位上完成两道以上工序的模具。

下面是弹簧导套成形级进模，在条料的送进方向，安排了拉深、冲孔、翻边、整形、落料工序，其排样图、模具图如图4-6、图4-7所示。

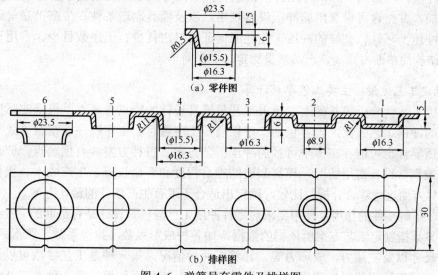

图4-6 弹簧导套零件及排样图

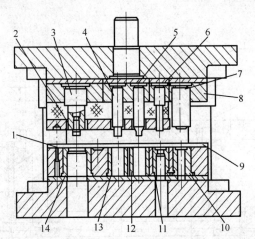

1—挡料销；2—导头；3—落料凸模；4—整形凸模；5—翻边凸模；6—冲孔凸模；7—拉深凸模；8—凸模夹板；
9—导料板；10—拉深凹模；11—冲孔凹模；12—翻边凹模；13—整形凹模；14—落料凹模

图 4-7 弹簧导套拉深模

4-1-2 冲压工艺与模具设计

冲压模具设计是一项技术性和经验性都很强的工作，冲压模具设计过程把冲压工艺设计、模具结构设计与模具制造 3 部分关联在一起形成不可分割的整体。在具体实施时，3 个部分可独立进行，从递进、深入的过程看，冲压工艺设计应是宏观的初步设计，也是模具结构设计的基础和依据。冲压模具结构设计的目的是保证实现冲压工艺，而模具制造与装配是模具设计过程的延续，进一步细化到可以实现成形工艺设计安排的可成形产品实体。

1．冲压工艺设计

1）零件及其冲压工艺性分析

根据冲压件产品图，分析冲压件的形状特点、尺寸大小、精度要求、原材料尺寸规格和力学性能，并结合可供选用的冲压设备规格，以及模具制造条件、生产批量等因素，分析零件的冲压工艺性。良好的冲压工艺性应保证材料消耗少、工序数目少、占用设备数量少、模具结构简单而寿命高、产品质量稳定、操作简单。

2）确定工艺方案，主要工艺参数计算

在冲压工艺性分析的基础上，找出工艺与模具设计的特点与难点，根据实际情况提出各种可能的冲压工艺方案，内容包括工序性质、工序数目、工序顺序及组合方式等。有时同一种冲压零件也可能存在多个可行的冲压工艺方案，每种方案各有优缺点，应从产品质量、生产效率、设备占用情况、模具制造的难易程度和寿命长短、生产成本、操作方便与安全程度等方面进行综合分析、比较，确定出适合于现有生产条件的最佳方案。

此外，了解零件的作用及使用要求对零件冲压工艺与模具设计是有帮助的。

工艺参数指制定工艺方案所依据的数据，如各种成形系数（拉深系数、胀形系数等）、零件展开尺寸以及冲裁力、成形力等。计算有两种情况，第一种是工艺参数可以计算得比较准确，如零件排样的材料利用率、冲裁压力中心、工件面积等；第二种是工艺参数只能作近似计算,如一般弯曲或拉深成形力、复杂零件的坯料展开尺寸等。确定第二种工艺参数一般是根据经验公式或图表进行粗略计算,有些需通过试验调整;有时甚至没有经验公式可以应用,或者因计算繁杂以至于无法进行,如复杂模具零件的刚性或强度校核、复杂冲压零件的成形力计算等,这种情况下一般只能凭经验进行估计。

3)选择冲压设备

根据要完成的冲压工序性质和各种冲压设备的力能特点,考虑冲压加工所需的变形力、变形功及模具闭合高度和轮廓尺寸的大小等主要因素,结合工厂现有设备情况来合理选定设备类型和吨位。

常用冲压设备有曲柄压力机、液压机等,其中曲柄压力机应用最广。冲裁类冲压工序许多在曲柄压力机上进行,一般不用液压机;而成形类冲压工序可在曲柄压力机或液压机上进行。

2. 冲压模具设计内容

模具设计包括模具结构形式的选择与设计、模具结构参数计算、模具图绘制等内容。

1)模具结构形式的选择与设计

根据拟定的工艺方案,考虑冲压件的形状特点、零件尺寸大小、精度要求、生产批量、模具加工条件、操作方便与安全的要求等选定与设计冲模结构形式。

2)模具结构参数计算

确定模具结构形式后,需计算或校核模具结构上的有关参数,如模具工作部分(凸、凹模等)的集合尺寸、模具零件的强度与刚度、模具运动部件的运动参数、模具与设备之间的安装尺寸,选用和核算弹性元件等。

3)模具图绘制

模具图是冲压工艺与模具设计结果的最终体现,一套完整的模具图应该包括制造模具和使用模具的完备信息。模具图的绘制应该符合国家制定的制图标准,同时考虑到模具行业的特殊要求与习惯。

模具图由总装配图和非标准件的零件图组成。总装配图主要反映整个模具各个零件之间的装配关系,应该对应绘制说明模具构造的投影图,主要是主视图和俯视图及必要的剖面、剖视图,并注明主要结构尺寸,如闭合高度、轮廓尺寸等。习惯上俯视图由下模部分投影而得,同时在图纸的右上角绘出工件图、排样图,右下方列出模具零件的明细表,写明技术要求等。零件图一般根据模具总装配图测绘,也应该有足够的投影和必要的剖面、剖视图以将零件结构表达清楚。此外,要标注出零件加工所需的所有结构尺寸、公差、表面粗糙度、热处理及其他技术要求。

任务4-2 侧弯支架级进模设计

侧弯支架零件如图4-8所示,材料为45钢,厚度为1mm,生产批量为100万件。制件外形为一多向弯曲件,另有冲孔切弯。

模具设计与制造综合实训（第2版）

图 4-8 侧弯支架零件

4-2-1 零件预处理

在使用 PDW 进行级进模设计前，通常需要先将钣金零件展开，以便获得毛坯外形或者中间工步。

打开 support.prt，即如图 4-8 所示已经完成的钣金零件。

单击 按钮，系统自动弹出"钣金工具"对话框，如图 4-9 所示，利用这个工具可以快速地得到钣金零件的中间工步状态及其展平后的结果。当折弯线为直线时，归类为直弯特征；当折弯线为非直线时，归类为自由形状弯曲特征。对于直弯特征，可以用"直接展开"工具进行处理；对于自由形状弯曲特征，则使用"分析可成形性一步式"工具进行处理。

1．预设坯料

单击 按钮，系统自动弹出"折弯操作"对话框，如图 4-10 所示。类型选择"伸直"，选择各折弯角，单击"确定"按钮，如图 4-11 所示，锁片支架展开坯料命名为 support-blank.prt 并复制到文件夹 support-mold 中，测量展开宽度为 47.639 8 mm，长度为 48.681 1 mm。

图 4-9 "钣金工具"对话框

图 4-10 "折弯操作"对话框

2．创建中间工步

单击"钣金工具"对话框中的 按钮，系统自动弹出"直接展开"对话框，如图 4-12 所示。类型选择"创建中间工步"，中间工步数量为"5"，起始工位为"5"，步距为"50"，步距方向为"Y"，其余默认，单击"确定"按钮，自动创建的中间工步如图 4-13 所示。

项目4 冲模设计

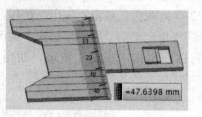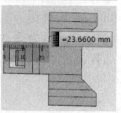

图 4-11 support-blank.prt

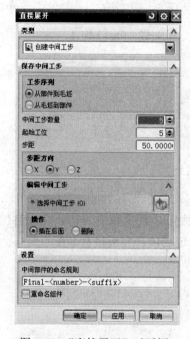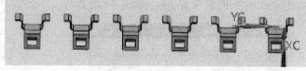

图 4-12 "直接展开"对话框　　　　图 4-13 自动创建的中间工步

3. 折弯操作

利用"折弯操作"工具对已转换为钣金零件的部件模型实施展开、重弯、预折弯和过渡折弯的操作，从而创建钣金零件在不同工步下的成形状态。

单击"钣金工具"中的 按钮，系统弹出"折弯操作"对话框，如图 4-14 所示。类型选择"伸直"，选择中间工步 final-1，选择折弯为长舌弯角，单击"应用"按钮，如图 4-15 所示。可以选中"显示备选结果"复选框以改变翻转方向。

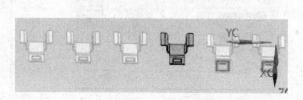

图 4-14 "折弯操作"对话框　　　　图 4-15 final-1 伸直

125

选择中间工步 final-2，选择折弯为 2 个内弯角，单击"应用"按钮，如图 4-16 所示。选择中间工步 final-3，选择折弯为 2 个外弯角，单击"应用"按钮，如图 4-17 所示。选择中间工步 final-4，选择折弯为小短舌弯曲，单击"应用"按钮，如图 4-18 所示。双击 support_top，保存。

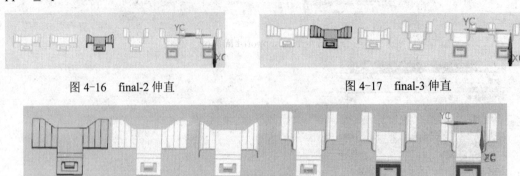

图 4-16　final-2 伸直　　　　　　　图 4-17　final-3 伸直

图 4-18　final-4 伸直

4-2-2　初始化项目

在 窗口(O) 下拉菜单中重新选择 support.prt，单击 初始化项目 按钮，系统弹出"初始化项目"对话框，如图 4-19 所示，单击"确定"按钮。系统根据指定的项目模板进行装配克隆，为设计项目建立相对应的装配结构，如图 4-20 所示。

图 4-19　"初始化项目"对话框

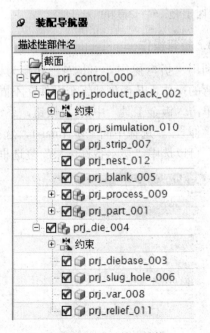

图 4-20　项目装配结构

项目 4　冲模设计

4-2-3　毛坯生成

单击 按钮，弹出对话框如图 4-21 所示。类型选择"创建"，选择导入毛坯体 ，打开"support-mold"文件夹，如图 4-22 所示，选中已建好的"support-blank.prt"展开毛坯零件，单击"确定"按钮，在"毛坯生成器"对话框中选择"选择固定面"选项，在图 4-23 中选择固定面，单击"确定"按钮，生成毛坯如图 4-24 所示。

图 4-21　"毛坯生成器"对话框

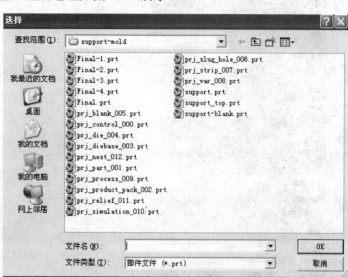
图 4-22　"support-mold"文件夹

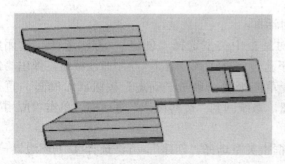
图 4-23　选择固定面

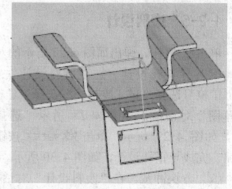
图 4-24　生成毛坯

4-2-4　毛坯布局

单击 按钮，弹出如图 4-25 所示的对话框。类型选择"创建布局"，旋转-90°，步距为 50，宽度为 56，材料利用率为 46.72%。系统将 prj_nest_012 设置为工作部件，并临时复制 3 个毛坯放置在该节点，同时在图形窗口中看到 3 个并排放置的毛坯，中间的毛坯处于高亮被选中的状态，如图 4-26 所示，单击"确定"按钮。

双击顶层节点 prj_control_000，然后在标准工具条上单击"保存"按钮，使系统保存装配中的所有文件。

模具设计与制造综合实训（第2版）

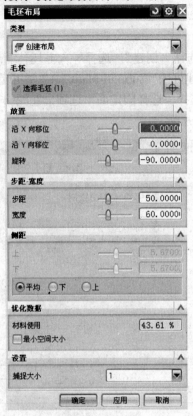

图 4-25 "毛坯布局"对话框

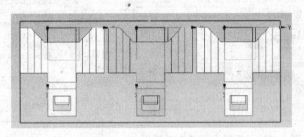

图 4-26 单排布置的结果

4-2-5 废料设计

单击 按钮，弹出如图 4-27 所示的对话框。

（1）导正孔设计。在"废料设计"对话框中类型选择"创建"，方法选择 封闭曲线，工位号选择"1"，废料类型选择"导正孔"，选择曲线单击 绘制曲线按钮，弹出"创建草图"对话框，如图 4-28 所示。选择草图平面，单击"确定"按钮，绘制圆，直径 $\phi 4$，如图 4-29 所示。单击 完成草图按钮，系统回到"废料设计"对话框，单击"应用"按钮，完成导正孔设计，如图 4-30 所示。

（2）方块冲裁。在"废料设计"对话框中类型选择"创建"，方法选择 毛坯边界+草图，工位号选择"2"，选择曲线单击 绘制曲线按钮，弹出"创建草图"对话框，选择草图平面，单击"确定"按钮，绘制如图 4-31 所示的草图。单击 完成草图按钮，系统回到"废料设计"对话框，检查草图和毛坯边界是否封闭，单击"应用"按钮，完成冲裁方块废料，如图 4-32 所示。

（3）冲切异形废料。在"废料设计"对话框中类型选择"创建"，方法选择 毛坯边界+草图，工位号选择"2"，选择曲线单击 绘制曲线按钮，弹出"创建草图"对话框，选择草图平面，单击"确定"按钮，绘制如图 4-33 所示的草图。单击 完成草图按钮，系统回到"废料设计"对话框，检查草图和毛坯边界是否封闭，单击"应用"按钮，完成冲切异形废料设计，如图 4-34 所示。

项目 4　冲模设计

图 4-27　"废料设计"对话框

图 4-28　"创建草图"对话框

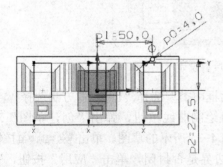

图 4-29　导正孔草图

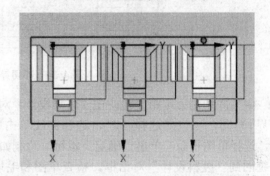

图 4-30　导正孔设计

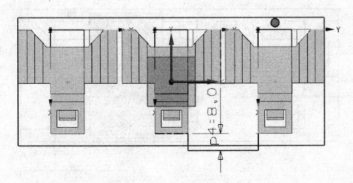

图 4-31　创建方块草图

129

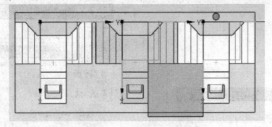

图 4-32 冲裁方块废料

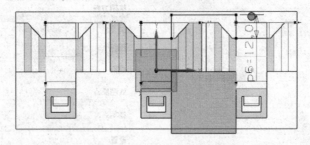

图 4-33 异形草图设计

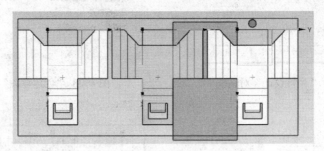

图 4-34 冲切异形废料设计

（4）冲切侧刃定距废料。在"废料设计"对话框中类型选择"创建"，方法选择 毛坯边界+草图，工位号选择"2"，选择曲线单击 绘制曲线按钮，弹出"创建草图"对话框，选择草图平面，单击"确定"按钮，绘制如图 4-35 所示的草图。单击 完成草图按钮，系统回到"废料设计"对话框，检查草图和毛坯边界是否封闭，单击"应用"按钮，完成冲切侧刃定距废料设计，如图 4-36 所示。

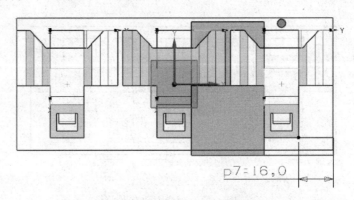

图 4-35 侧刃定距废料草图设计

项目4 冲模设计

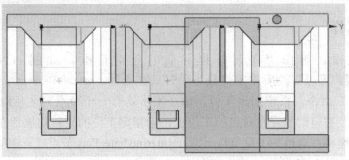

图4-36 侧刃定距废料设计

（5）冲切分割废料。在"废料设计"对话框中类型选择"编辑"，方法选择拆分，选择异形废料，选择曲线单击绘制曲线按钮，弹出"创建草图"对话框，选择草图平面，单击"确定"按钮，绘制草图。单击 完成草图 按钮，系统回到"废料设计"对话框，单击"应用"按钮，完成冲切分割废料设计，如图4-37所示。

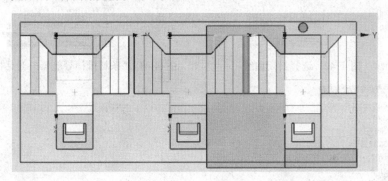

图4-37 分割废料

（6）切断冲裁。在"废料设计"对话框中类型选择"创建"，方法选择毛坯边界+草图，工位号选择"8"，选择曲线单击绘制曲线按钮，弹出"创建草图"对话框，选择草图平面，单击"确定"按钮，绘制草图，如图 4-38 所示。单击 完成草图 按钮，系统回到"废料设计"对话框，检查草图和毛坯边界是否封闭，单击"应用"按钮，完成切断废料设计，如图 4-39 所示。

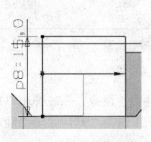

图4-38 选择封闭曲线

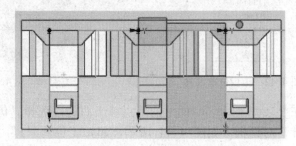

图4-39 切断废料

（7）重叠设计，在"废料设计"对话框中类型选择"附件"，方法选择重叠，选择废料，选择重叠边，单击"应用"按钮，结果如图4-40所示。

131

4-2-6 排样

单击 按钮，弹出"条料排样导航器"对话框，如图 4-41 所示。双击 Station Number = 9，可以更改所需工位数为"9"。在 Strip Layout Definition 的节点上单击右键，选择"创建"命令，系统创建条料，每个工步均有一个节点与之相对应，在设计废料时指定的工位已经被自动放置在对应的工位上，未指定工位的废料均放置在 Unprocessed 节点下。调整工步废料在合适的工位节点下，在 Intermediate Part 节点放置中间工步实体，调整后工步位置设置如图 4-42 所示，结果如图 4-43 所示。

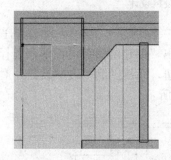
图 4-40 选择封闭曲线

图 4-41 "条料排样导航器"对话框

图 4-42 工步位置设置

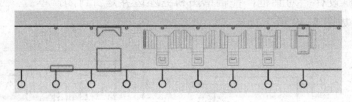
图 4-43 工步图

在 Strip Layout Definition 的节点单击右键，选择"仿真冲裁"命令，系统弹出"条料排样设计"对话框，如图 4-44 所示，起始工位为"1"，终止工位为"9"，单击"确定"按钮，仿真结果如图 4-45 所示。

在 Strip Layout Definition 的节点单击右键，选择"移除毛坯材料"命令，系统弹出"条料排样设计"对话框，如图 4-46 所示，起始工位为"5"，终止工位为"9"，单击"确定"按钮，仿真结果如图 4-47 所示。关闭条料排样导航器，排样结果如图 4-48 所示。

图 4-44 仿真布局设置

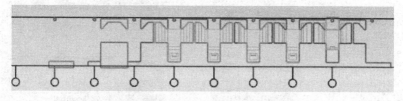

图 4-45 仿真排样

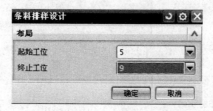

图 4-46 移除毛坯材料布局设置

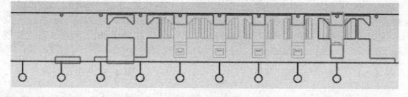

图 4-47 移除毛坯材料后排样

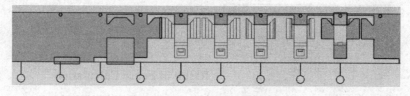

图 4-48 移除毛坯材料后条料

从下拉菜单"格式"中,选择"移动至图层"工具,将"类型过滤器"设置为"实体",将无用实体移动到 250 层,经过整理后的仿真条料如图 4-49 所示。

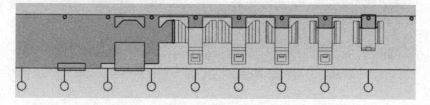

图 4-49 仿真条料

4-2-7 冲压力计算

单击 按钮，系统自动弹出"冲压力计算"对话框，如图 4-50 所示。工艺列表中列出了 6 个冲裁工步，前面带"*"标记表示没有进行工艺力计算，在定义新工艺中，将折弯工艺添加到工艺列表中，如图 4-51 所示。

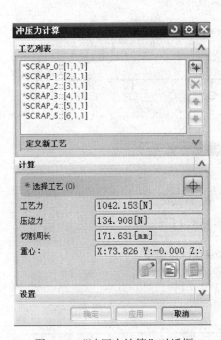

图 4-50 "冲压力计算"对话框

图 4-51 添加折弯工艺

全选所有工艺，单击 按钮，计算结果如图 4-52 所示，单击"确定"按钮。

(a)

Result of Force Calculation

SCRAP_0,SCRAP_1,SCRAP_2,SCRAP_3

SCRAP_4,SCRAP_5,Bending6,Bending7

Bending8,Bending9,Bending10,Bending11

Name	Value
Process_Force	4031.884[N]
Holding_Force	640.794[N]
Total_Force	4672.678[N]
Perimeter_of_Cutting	305.588[mm]
Center_of_Force	(248.514,6.871,-0.928)

(b)

图 4-52 计算结果

4-2-8 设计模架

单击模架按钮,系统自动弹出"管理模架"对话框,如图 4-53 所示。显示父特征节点是"prj_die_004",在目录下拉列表中选择 DB_UNIVERSAL1,板数量为 9 PLATES。单击拾取工作区按钮,系统弹出"点"对话框,根据计算冲压中心结果,坐标值选择如图 4-54 所示。单击"确定"按钮,框选对角另一点坐标为(497,-50),系统自动选取模架规格 index 为 6020,可修改图 4-53 中的详细信息内容,单击"管理模架"对话框中的"确定"按钮,自动生成的模架如图 4-55 所示。

图 4-53 "管理模架"对话框

图 4-54 起始点坐标

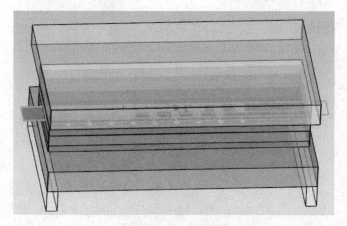

图 4-55 模架

思考与操作题 4

1. 简述级进模设计排样原则。
2. 垫片零件如图 4-56 所示,材料为 20 钢,板厚 $t=2$ mm,完成级进模具设计。

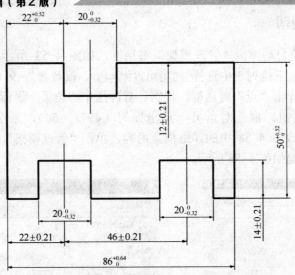

图 4-56 垫片零件

3. 弹簧导套零件如图 4-57 所示，材料为 20 钢，板厚 $t=2$ mm，完成级进模模具设计。

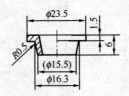

图 4-57 弹簧导套零件

项目 5
汽车地凸板拉深模设计

教学导航

教	知识重点	拉深模设计基本思路和方法
	知识难点	覆盖件产品设计规划和造型方法的选择
	推荐教学方式	软件演示与理论教学相结合
	建议学时	10~12 学时
学	推荐学习方法	学做合一
	必须掌握的理论知识	UG NX 8.0 实体和曲面建模方法
做	必须掌握的技能	汽车覆盖件拉深模设计

任务 5-1 创建地凸板零件

启动 UG NX 8.0，单击 按钮，在弹出的"新建"对话框中选择"模型"，在名称栏输入"lingjian"，单击文件夹栏 图标，选择放置文件夹并确定。

（1）单击草绘 按钮，系统弹出绘制草图对话框，类型选择"在平面上"，选择草绘平面，单击"确定"按钮，草绘如图 5-1 所示，单击 按钮结束草绘。

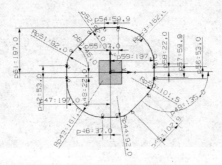

图 5-1　地凸板草图

（2）单击 按钮，系统弹出"拉伸"对话框，如图 5-2 所示，拉伸曲线选择已经草绘的封闭曲线，指定矢量系统自动选择 Z 轴，开始"值"距离选择"0"，结束"值"距离选择"94"，布尔运算为"无"，拔模为"从起始限制"，角度为"23"，单击"确定"按钮，创建的拉伸体如图 5-3 所示。

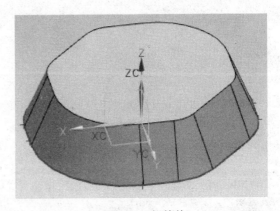

图 5-2　"拉伸"对话框　　　　　图 5-3　拉伸体

单击 按钮，系统自动弹出"边倒圆"对话框，如图 5-4 所示。零件锥顶面圆角半径为"20"，单击"应用"按钮，如图 5-5 所示；法兰圆角设置为"5"，如图 5-6 所示，单击"确定"按钮。

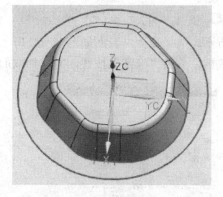

图 5-4 "边倒圆"对话框   图 5-5 倒锥顶面圆角

（3）单击草绘 按钮，系统弹出绘制草图对话框，类型选择"在平面上"，选择草绘平面，单击"确定"按钮，草绘如图 5-7 所示，单击 完成草图 按钮结束草绘，拉伸法兰，厚度为"2"。

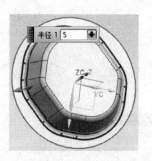

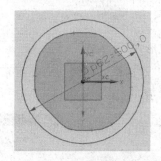

图 5-6 法兰圆角   图 5-7 法兰草图

（4）单击 按钮，系统自动弹出"抽壳"对话框，如图 5-8 所示，厚度为"2"，单击"确定"按钮，抽壳零件如图 5-9 所示。

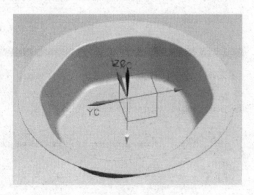

图 5-8 "抽壳"对话框   图 5-9 抽壳零件

任务 5-2　拉伸毛坯设计

1. 抽取面

选择下拉菜单"插入"→"关联复制"→"抽取体",系统弹出"抽取体"对话框,如图 5-10 所示。选择壳体内表面如图 5-11 所示,选中"固定于当前时间戳记"和"隐藏原先的"复选框,单击"确定"按钮,完成抽取面特征。

图 5-10　"抽取体"对话框　　　　　图 5-11　面选择

2. 分析可成形性——步式

打开"定制"对话框,如图 5-12 所示,选中 ☑ 冲模工程 ,系统弹出"冲模工程"对话框,如图 5-13 所示。

图 5-12　"定制"对话框

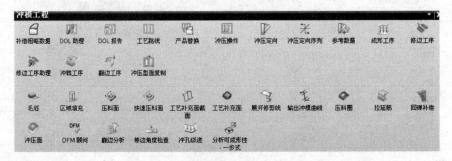

图 5-13　"冲模工程"对话框

项目5　汽车地凸板拉深模设计

单击 按钮，系统弹出"分析可成形性--一步式"对话框，如图 5-14 所示。类型选择"整个展开"，对象类型选择"面"，展开区域选择抽取面如图 5-15 所示，材料选择"steel"，边界条件为"点到点"，点坐标如图 5-16 所示，脱模方向为-ZC，厚度内曲面"2"，计算选中 自动判断单元大小，单击 网格按钮，系统自动划分网格如图 5-17 所示。单击 网格质量检查按钮，检查结果如图 5-18 所示，单击"确定"按钮。单击 计算按钮，系统自动进行计算，观察结果显示，单击 显示厚度按钮，厚度变化如图 5-19 所示，红色部分是减薄区域。单击 显示应力，应力分布图如图 5-20 所示，红色部分是拉应力较大的区域。单击 显示应变按钮，应变分布如图 5-21 所示，红色区域为拉应力加大区域。单击 显示展平形状，如图 5-22 所示。单击 报告按钮，系统生成成形分析报告，如图 5-23 所示。

图 5-14　"分析可成形性--一步式"对话框

图 5-15　选择抽取面

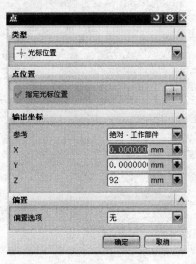

图 5-16　点坐标

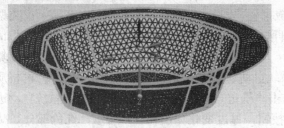

图 5-17 网格自动划分　　　　　　图 5-18 网格质量检查结果

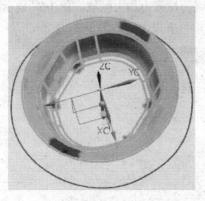
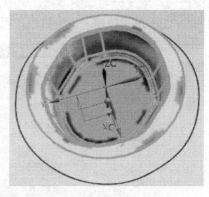

图 5-19 厚度变化　　　　　　图 5-20 应力分布图

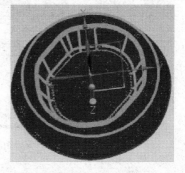

图 5-21 应变分布　　　　　　图 5-22 展平形状

(a)

图 5-23 成形分析报告

Solution Summary
Material Properties

Name		Value	Type
Material Name		Steel	
Mass Density		7829.000	kg/m^3
Yong's Modulus		206940.000	MPa
Possion Rate		0.288	
Initial Thickness		2.000	mm
Yield Strength		137.895	MPa
Friction		0.150	
K(Strengten coneffcient)		550.000	MPa
Initial Strain		0.020	
n (Hardening Exponent)		0.200	
AnisotropyCoefficient	r0	1.300	
	r45	1.300	
	r90	1.300	

(b)

Results
Forming Simulation/One-step

Item	Value
Number of Nodes	2472
Number of Elements	4805
Calculating Time	4.079000s

(c)

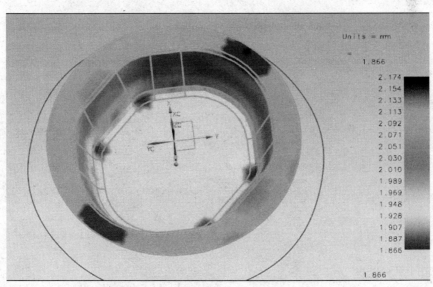

Thinning

(d)

图 5-23 成形分析报告（续）

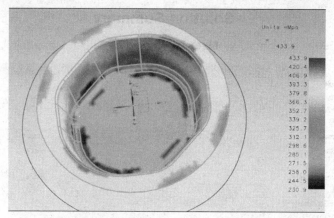

Equivalent Stress

(e)

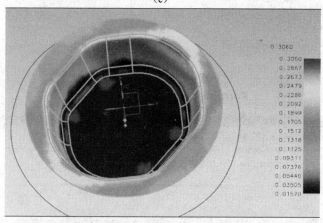

Equivalent Strain

(f)

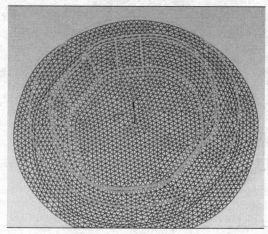

Flatten shape

(g)

图 5-23 成形分析报告（续）

项目 5　汽车地凸板拉深模设计

任务 5-3　地凸板拉延凸凹模装配

在 dituban 文件夹中复制"lingjian.prt",创建"dituban_punch.prt",打开"dituban_punch.prt"。

1. 建立装配

单击 按钮,在弹出的"新建"对话框(如图 5-24 所示)中选择"装配",在名称栏输入"dituban_asm1.prt",单击"确定"按钮,系统自动弹出"添加组件"对话框,如图 5-25 所示,已加组件中添加了"lingjian.prt",系统自动弹出组件预览,如图 5-26 所示。

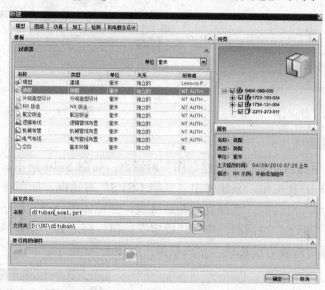

图 5-24　新建装配

图 5-25　"添加组件"对话框

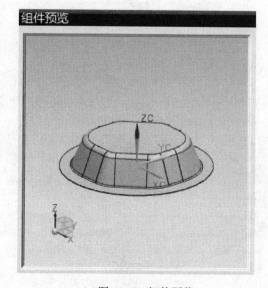

图 5-26　组件预览

2. 抽取面

选择下拉菜单"插入"→"关联复制"→"抽取体",系统弹出"抽取体"对话框,如图 5-27 所示,选择壳体内表面如图 5-28 所示,选中"固定于当前时间戳记"和"隐藏原先的"复选框,单击"确定"按钮,完成抽取面特征,如图 5-29 所示。

图 5-27 "抽取体"对话框

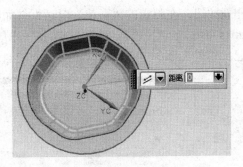

图 5-28 选择面

3. 草绘凸模轮廓线

单击 按钮,系统自动弹出"创建草图"对话框,如图 5-30 所示。平面方法选择"创建基准坐标系",单击 按钮,系统弹出"基准 CSYS"对话框,如图 5-31 所示。单击 按钮,系统弹出"点"对话框,选择复制面边缘线,坐标如图 5-32 所示,单击"确定"按钮,回退到"基准 CSYS"对话框,单击"确定"按钮,回退到"创建草图"对话框,单击"确定"按钮,选择边缘线为投影线,完成草图,如图 5-33 所示。

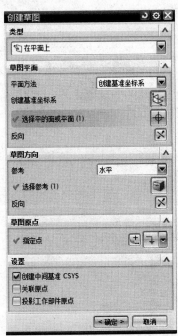

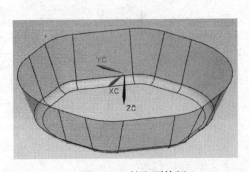

图 5-29 抽取面特征

图 5-30 "创建草图"对话框

项目5 汽车地凸板拉深模设计

图 5-31 "基准 CSYS"对话框

图 5-32 坐标点设置

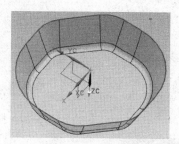

图 5-33 凸模轮廓草图

4. 创建拉延凸模

单击 按钮，系统弹出"拉延凸模"对话框，如图 5-34 所示，选择曲线如图 5-35 所示，高度选择"700"，单击"确定"按钮，创建的拉延凸模如图 5-36 所示。

图 5-34 "拉延凸模"对话框

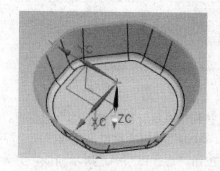

图 5-35 选择曲线

147

5. 创建拉延凹模

打开"dituban_die.prt",已经完成抽取面,如图 5-37 所示,单击 按钮,系统弹出"拉伸"对话框,如图 5-38 所示,选择零件边缘线,拉伸高度为"110",如图 5-39 所示,单击"确定"按钮。

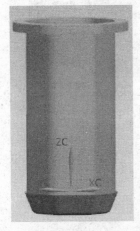

图 5-36 拉延凸模

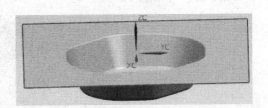

图 5-37 抽取的零件外面

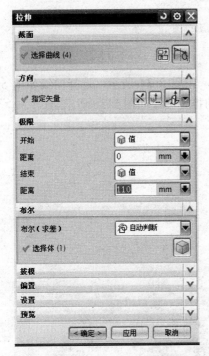

图 5-38 "拉伸"对话框

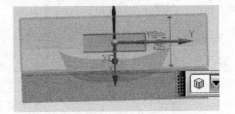

图 5-39 选择拉伸曲线

单击 按钮,系统弹出"修剪体"对话框,如图 5-40 所示,选择拉伸体为目标体,抽出面为工具,单击"确定"按钮,完成凹模型腔设计,如图 5-41 所示。

单击 按钮,选择图 5-42 所示曲线,开始值为"0",结束为"直至选定对象",布尔运算为"求差",单击"确定"按钮,凹模零件如图 5-43 所示。

项目 5　汽车地凸板拉深模设计

图 5-40　"修剪体"对话框

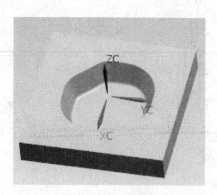

图 5-41　凹模型腔

图 5-42　选择曲线

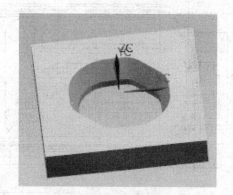

图 5-43　凹模零件

6. 添加凹模

在下拉菜单窗口中打开"dituban_asm1",单击 添加组件,将凹模添加到装配中,如图 5-44 所示。装配链如图 5-45 所示。

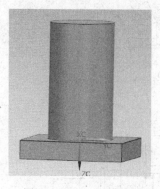

图 5-44　凸、凹模装配

图 5-45　装配链

思考与操作题 5

1. 汽车油底壳零件如图 5-46 所示,完成产品造型和拉深模设计。

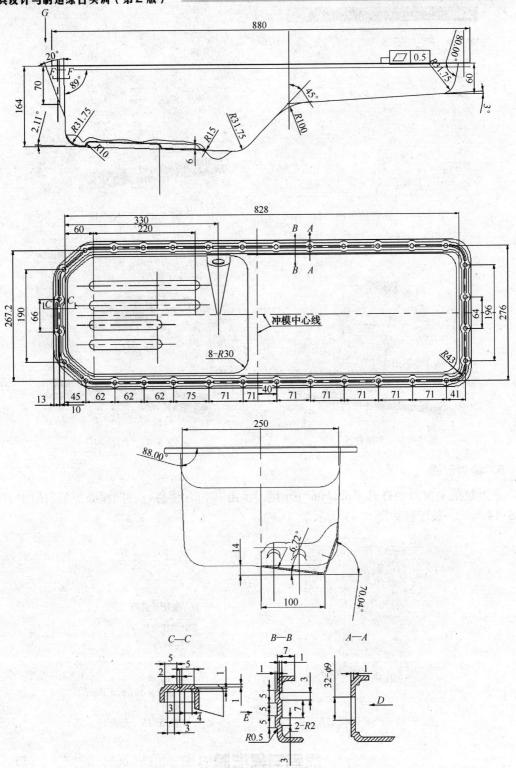

图 5-46 汽车油底壳零件图

项目 5　汽车地凸板拉深模设计

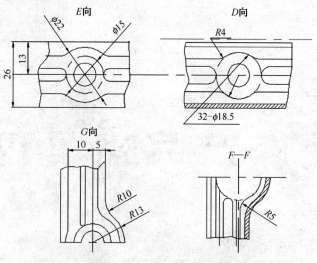

图 5-46　汽车油底壳零件图（续）

2. 对上题油底壳零件进行毛坯展开设计与分析，写出分析报告。

项目 6 下壳体产品模具设计

:::教学导航:::

教	知识重点	UG NX 8.0 Moldwizard 分型方法和标准件设计
	知识难点	分型面和模具标准件编辑
	推荐教学方式	软件演示和理论讲授相结合
	建议学时	10～12 学时
学	推荐学习方法	学做合一
	必须掌握的理论知识	塑料模具设计和 Moldwizard 基础知识
做	必须掌握的技能	UG NX 8.0 Moldwizard 基本操作技能

项目 6 下壳体产品模具设计

任务 6-1 模具成型零件设计

1. 导入塑件模型

启动 UG NX 8.0，在非绘图界面处单击鼠标右键，在弹出的菜单中单击"应用模块"，如图 6-1 所示。单击 按钮，弹出"注塑模向导"工具，如图 6-2 所示。

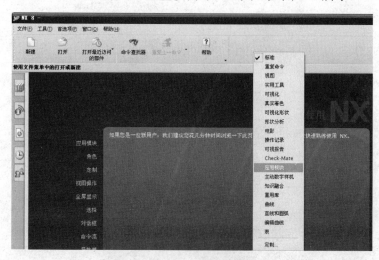

图 6-1 应用模块导入

图 6-2 "注塑模向导"工具

单击 按钮，弹出"打开"对话框，选择塑件放置逻辑（如图 6-3 所示），单击"OK"按钮，弹出"初始化项目"对话框，选择材料 ABS，其他参数按默认设置，单击"确定"按钮，如图 6-4 所示。

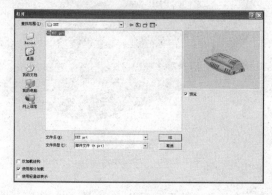

图 6-3 导入下壳体模型

图 6-4 "初始化项目"对话框

2. 设置模具坐标系

选择菜单"格式"→"WCS"→ 动态(D)，如图 6-5 所示，选塑件在分型面上的边上一点为坐标系原点，方向指向注塑机浇口方向，如图 6-6 所示。

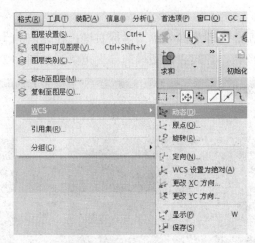

图 6-5　塑件坐标变换工具

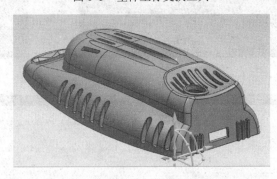

图 6-6　塑件坐标变换位置

单击"注塑模向导"工具栏 图标，弹出"模具 CSYS"对话框（如图 6-7 所示），选择"产品实体中心"和"锁定 Z 位置"选项，单击"确定"按钮，模具坐标系如图 6-8 所示。

图 6-7　"模具 CSYS"对话框

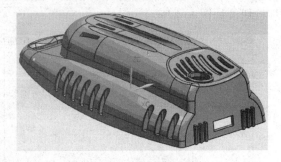

图 6-8　模具坐标系

3. 创建工件

单击"注塑模向导"工具栏 图标，弹出"工件"对话框，如图 6-9 所示。单击 按

项目6 下壳体产品模具设计

钮进入工件草绘界面,选择如图 6-10 所示的草绘尺寸,按键盘"DEL"键删除草绘尺寸,采用图 6-11 所示标准尺寸,单击 完成草图 按钮,按图 6-9 所示设置拉伸参数,单击"确定"按钮,如图 6-12 所示。

图 6-9 "工件"对话框

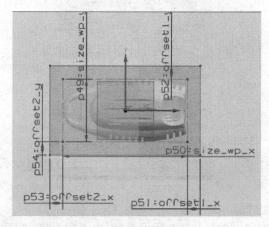

图 6-10 工件原始草绘

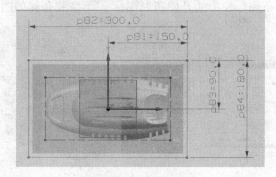

图 6-11 工件草绘尺寸

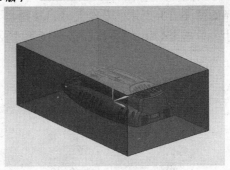

图 6-12 模具工件

4. 设置型腔布局

单击"注塑模向导"工具栏 图标,弹出"型腔布局"对话框,如图 6-13 所示。

图 6-13 "型腔布局"对话框

选择前一步生成的工件,按图 6-14 所示选择 Y 正向为指定矢量,按图 6-13 所示设置布局参数,单击"生成布局"栏中的开始布局图标 ,型腔布局如图 6-15 所示。

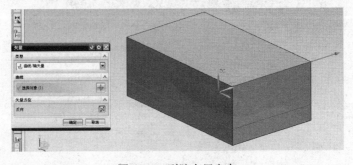

图 6-14 型腔布局方向

项目6 下壳体产品模具设计

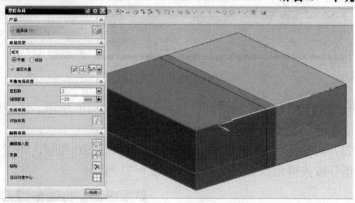

图 6-15 型腔布局

单击"编辑布局"栏中的自动对准中心图标⊞，将模具坐标系移到型腔布局中心，如图 6-16 所示。

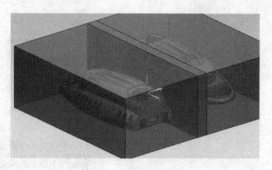

图 6-16 编辑型腔布局

5. 塑件分析和区域面设置

单击"注塑模向导"工具栏 图标，弹出"分型导航器"（如图 6-17 所示）和"模具分型工具"（如图 6-18 所示）。

图 6-17 分型导航器

157

图 6-18　模具分型工具

单击 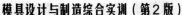 按钮，弹出检查区域"计算"对话框，如图 6-19 所示。选择塑件，其他参数保持不变，单击计算 图标，开始塑件分析。

单击 按钮，转换到检查区域"面"对话框，如图 6-20 所示。单击"设置所有面的颜色"按钮 ，塑件按拔模角设置颜色显示，如图 6-21 所示。

 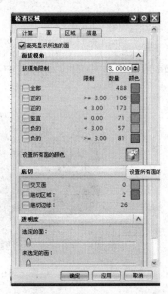

图 6-19　检查区域"计算"对话框　　　图 6-20　检查区域"面"对话框

图 6-21　检查区域"面"设置

单击 按钮，转换到检查区域"区域"对话框，如图 6-22 所示。单击"设置区域颜色"按钮 ，塑件按拔模角设置颜色显示塑件，如图 6-23 所示。

项目6 下壳体产品模具设计

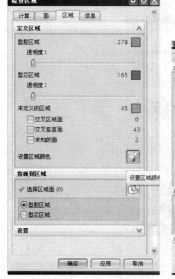

图 6-22 检查区域"区域"对话框　　　　图 6-23 检查区域色彩设置结果

单击"选择区域面""型芯区域",选择"定义区域""交叉竖直面",单击"应用"按钮将交叉竖直面定义为型芯区域面,如图 6-24 所示。

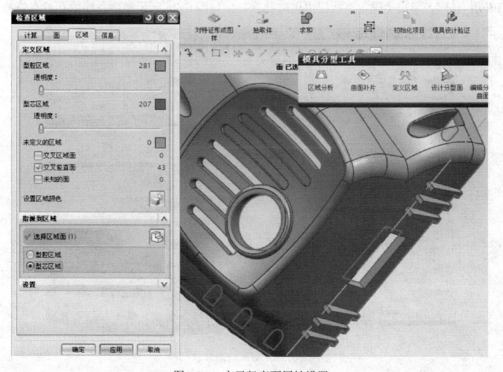

图 6-24 交叉竖直面属性设置

单击"选择区域面""型腔区域",选择塑件端部矩形孔如图 6-25 所示 3 个面,单击"确定"按钮,将矩形孔的面设置为型腔面。

159

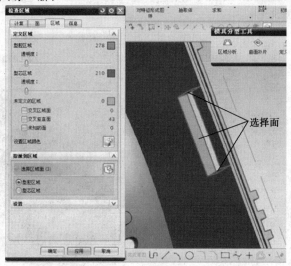

图 6-25　面属性修改

6. 破孔修补

单击"模具分型工具" ，弹出如图 6-26 所示的"边缘修补"对话框，类型选"体"，选塑件，其他设置保持不变，单击"应用"按钮，开始自动创建破孔补片。弹出"未能修补所有环"，单击"确定"按钮退出破孔修补，如图 6-26 所示塑件左端的孔没有修补。

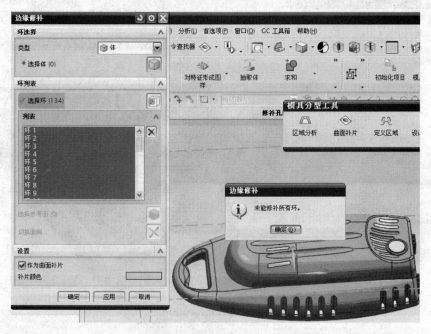

图 6-26　破孔自动修补

单击"导航分型器" 产品实体，隐藏产品，检查修补曲面情况，如图 6-27 所示一处曲面有缺陷。单击"模具分型工具" ，按"Shift"键选有缺陷的曲面，将该曲面从修补曲面删除，如图 6-28 所示。

项目6 下壳体产品模具设计

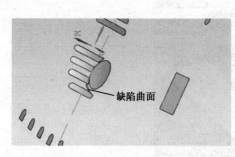
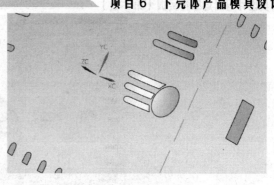

图 6-27 破孔修补后的缺陷曲面　　　　　　图 6-28 缺陷曲面删除

单击"导航分型器"☑️📦产品实体，显示塑件。单击"曲面"工具🔍，弹出"N 边曲面"对话框，按图 6-29 所示设置参数。选如图 6-30 所示的边线，单击"应用"按钮；选如图 6-31 所示的边线，单击"确定"按钮，完成 2 处 N 边曲面创建。

图 6-29 "N 边曲面"参数设置

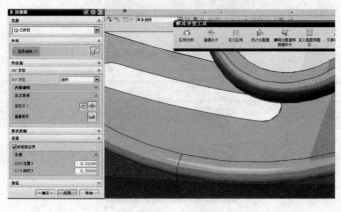

图 6-30 N 边曲面 1

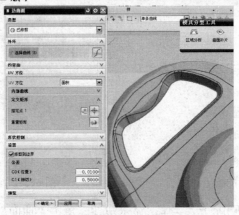

图 6-31　N 边曲面 2

单击"模具分型工具" ，选上步创建的 2 处 N 边曲面，将曲面添加到修补曲面中，如图 6-32 所示。

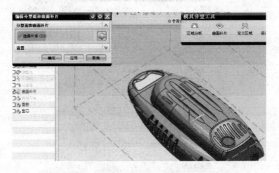

图 6-32　添加 N 边曲面为修补曲面

7. 创建分型面

单击"模具分型工具" ，弹出如图 6-33 所示的"定义区域"对话框，在"设置"区域选中"创建区域"、"创建分型线"复选框，单击"应用"按钮后单击"确定"按钮。

图 6-33　"定义区域"对话框

项目6 下壳体产品模具设计

单击"模具分型工具" ，弹出如图 6-34 所示的"设计分型面"对话框。单击 按钮，参数设置保持不变，按图 6-35 所示拉伸分型面，单击"确定"按钮。

图 6-34 "设计分型面"对话框

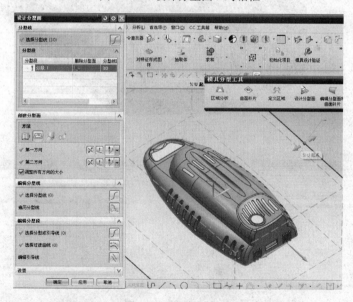

图 6-35 分型面拉伸

8. 创建型芯和型腔

单击"模具分型工具" ，弹出如图 6-36 所示的"定义型腔和型芯"对话框。在"区域名称"选"所有区域"，单击"确定"按钮，弹出"查看分型结果"对话框，并显示型腔分型结果，如图 6-37 所示。单击"确定"按钮，再次弹出"查看分型结果"对话框，并显示型芯分型结果，如图 6-38 所示。

163

图 6-36 "定义型腔和型芯"对话框

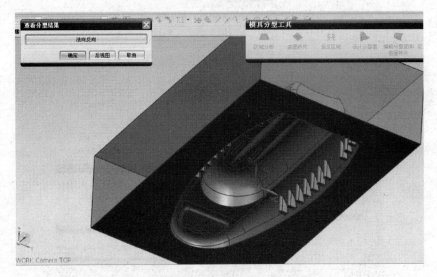

图 6-37 型腔分型结果

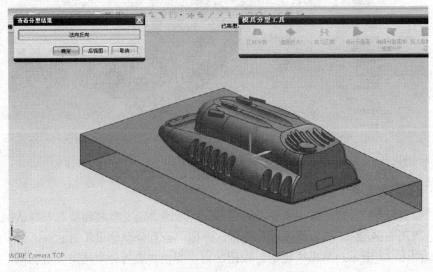

图 6-38 型芯分型结果

9. 创建滑块型芯

单击"窗口",在如图 6-39 所示对话框中选"XKT_cavity_002.prt",打开型腔。

单击 按钮,弹出"拉伸"对话框,如图 6-40 所示,单击"截面" ,弹出"创建草图"对话框,按图 6-41 所示设置参数和选择草绘面,单击"确定"按钮。绘制如图 6-42 所示的草绘图形,单击 完成草图按钮,按图 6-43 所示设置参数,单击"确定"按钮。

图 6-39 "窗口"对话框　　　　图 6-40 "拉伸"对话框

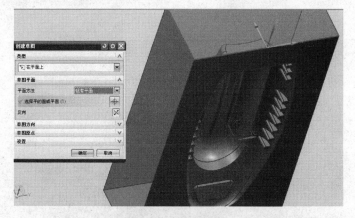

图 6-41 草绘平面

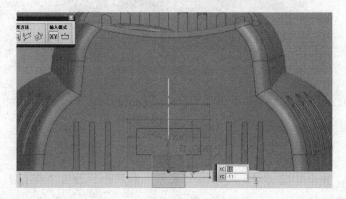

图 6-42 拉伸草绘

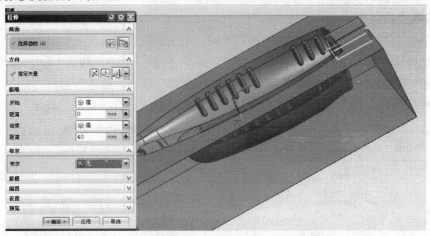

图 6-43 拉伸参数

单击 按钮,弹出"求交"对话框,如图 6-44 所示。设置"保存目标",选型腔体为目标体,上步创建的拉伸实体为工具体,单击"确定"按钮,求交结果如图 6-45 所示。

图 6-44 "求交"对话框

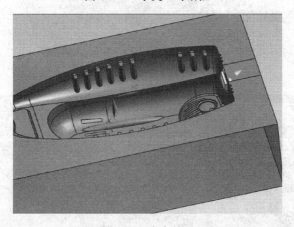

图 6-45 求交结果

单击 按钮,弹出如图 6-46 所示的"求差"对话框,设置"保存工具",选型腔体为目标体,上步创建的求交实体为工具体,单击"确定"按钮,求差结果如图 6-47 所示。

项目6 下壳体产品模具设计

图 6-46 "求差"对话框

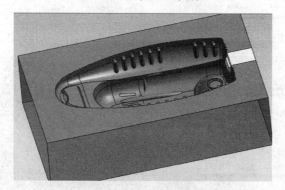

图 6-47 求差结果

在"装配导航器"窗口右击,在弹出的快捷菜单中选择 WAVE 模式,如图 6-48 所示;右击"XKT_cavity_002.prt",在弹出的快捷菜单中选择 WAVE → 新建级别,如图 6-49 所示;弹出"新建级别"对话框,如图 6-50 所示;单击 指定部件名 按钮,弹出图 6-51 所示的"选择部件名"对话框,输入"XKT_cavity",单击"OK"按钮,系统重回"新建级别"对话框,单击 类选择 按钮,选取如图 6-52 所示的滑块型芯,单击两次"确定"按钮,在装配导航器中显示 XKT_cavity,如图 6-53 所示。

图 6-48 WAVE 工具导入

图 6-49 新建 WAVE

模具设计与制造综合实训（第2版）

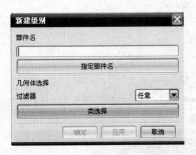

图 6-50 "新建级别"对话框

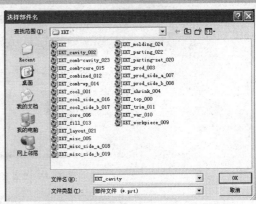

图 6-51 "选择部件名"对话框

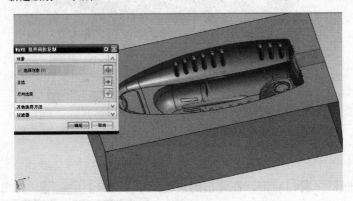

图 6-52 部件间复制

图 6-53 装配导航器

任务 6-2 添加模架和标准件

1. 添加模架

切换窗口到 XKT_top_000.prt，单击"注塑模向导"工具栏 ，弹出如图 6-54 所示的

项目6 下壳体产品模具设计

"模架设计"对话框。选择目录 FUTABA_S，类型 SC，AP_h=80，BP_h=110，CP_h=110，其余参数尺寸不变，单击"确定"按钮。

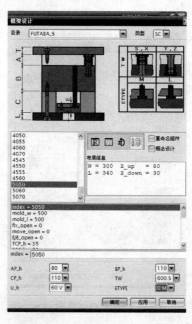

图 6-54 "模架设计"对话框

2. 插入腔体

单击"注塑模向导"工具栏，弹出"型腔布局"对话框，如图 6-55 所示。单击按钮，弹出"插入腔体"对话框，按图 6-56 所示设置 R=10、类型 2，单击"确定"按钮并关闭。

 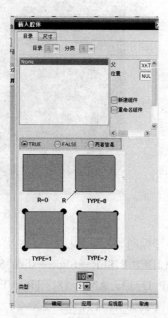

图 6-55 "型腔布局"对话框   图 6-56 "插入腔体"对话框

169

单击"注塑模向导"工具栏 ![腔体] ，弹出"腔体"对话框，如图 6-57 所示。按图 6-57 设置腔体参数，选择动模板和定模板为目标体，选择图 6-56 插入的腔体为工具体，单击"确定"按钮。

图 6-57 "腔体"对话框

3. 添加滑块组件

单击"格式"，在弹出的菜单中选择 WCS → 动态(D)，选如图 6-58 所示的滑块型芯端面底部边中点为坐标原点，按鼠标选择坐标，坐标方向如图 6-58 所示，单击鼠标中键确定。

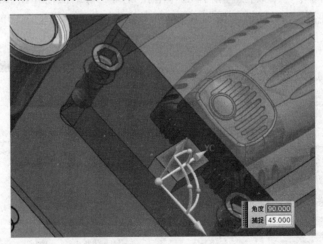

图 6-58 坐标系转换

单击"注塑模向导"工具栏 ，弹出"滑块和浮升销设计"对话框和信息窗口，如图 6-59 所示。选"SLIDER/RISER→Slide→slide_5"，设置参数 SL_W=30，CAM_L=20，GR_W=20，PIN_N=1，AP_D=12，ANG=18，TRAVEL=8，SL_L=45，SL_TOP=25，SL_BOTTOM=20，CAM_H=40，CAM_h1=15，SL_LX=20，SL_H1=18，SL_T=5，AP_X0=25，其他参数保持不变，单击"确定"按钮，完成滑块添加，如图 6-60 所示。

项目6 下壳体产品模具设计

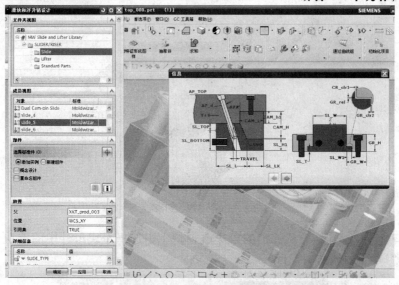

图 6-59 滑块设计

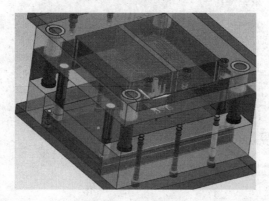

图 6-60 滑块组件

4．修改滑块组件

单击**窗口(O)**→**更多(M)...**，从弹出的"更改窗口"中选择滑块组件，如图 6-61 所示，单击"确定"按钮打开滑块组件，删除如图 6-62 所示的两个工件。

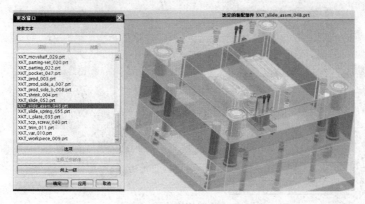

图 6-61 打开滑块组件

模具设计与制造综合实训（第2版）

图 6-62　删除滑块组件多余零件

单击 窗口(O) → 更多(M)，从弹出的"更改窗口"中选择滑块组件中的滑块，如图 6-63 所示，单击"确定"按钮，打开滑块。

图 6-63　打开滑块

单击 按钮，弹出"拉伸"对话框，如图 6-64 所示。单击 按钮，选择滑块大端为草绘平面；单击 按钮，选择两孔边为投影线，生成草绘图形，如图 6-65 所示。单击 完成草图 按钮，返回"拉伸"对话框，按图 6-64 所示设置拉伸参数，单击"确定"按钮，修改后滑块如图 6-66 所示。

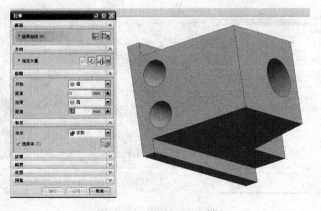

图 6-64　"拉伸"对话框

172

项目6 下壳体产品模具设计

图 6-65 拉伸草绘

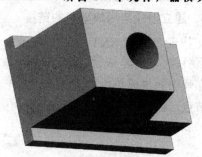

图 6-66 修改后滑块

5. 修改滑块型芯

单击 窗口(O)→更多(M)…，从弹出的"更改窗口"中选择如图 6-67 所示的滑块型芯，单击"确定"按钮，打开滑块型芯。单击 拉伸 按钮，弹出"拉伸"对话框，选择滑块型芯如图 6-68 所示 4 条边线，按图 6-68 所示设置拉伸参数，单击"确定"按钮。

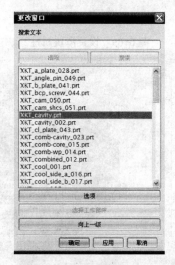

图 6-67 打开滑块型芯

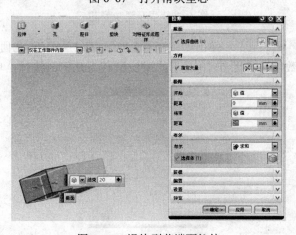

图 6-68 滑块型芯端面拉伸

173

6. 建立滑块与滑块型芯的链接

切换窗口至"XKT_top_000.prt",在装配导航器中依次单击☑🗋 XKT_layout_021→☑🗋 XKT_prod_003→☑🗋 XKT_slide_assm_048 前的节点,在 ☑🗋 XKT_slide_052 节点右击,在弹出的快捷菜单中选择"设为工作部件",如图 6-69 所示。单击☑🗋 XKT_cavity_002 前的节点,在展开的组件中选择 ☑🗋 XKT_cavity,将其显示出来,如图 6-70 所示。

图 6-69 设置滑块属性

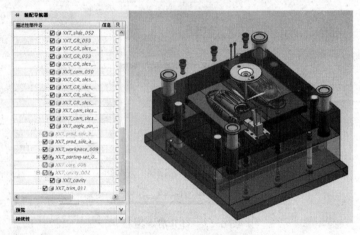

图 6-70 显示滑块型芯

单击 装配 → WAVE 几何链接器 ,弹出如图 6-71 所示的"WAVE 几何链接器",按图 6-71 所示设置几何链接参数,选择图 6-70 显示的滑块型芯为几何链接体,单击"确定"按钮。

图 6-71 建立滑块型芯几何链接

7. 修改滑块

单击 窗口(O) → 更多(M)...，从弹出的"更改窗口"中选择如图 6-72 所示的滑块，单击"确定"按钮，打开滑块。单击 求差 按钮，弹出"求差"对话框，选滑块为目标体，图 6-71 创建的几何链接（滑块型芯）为工具体，按如图 6-73 所示设置参数，单击"确定"按钮。

图 6-72　打开滑块

图 6-73　滑块求差

单击 拉伸 按钮，弹出"拉伸"对话框，如图 6-74 所示；单击 按钮进入草绘界面，绘制如图 6-75 所示的草绘图形；单击 完成草图 按钮，返回拉伸界面，按图 6-74 所示设置拉伸参数，单击"确定"按钮。

图 6-74　"拉伸"对话框

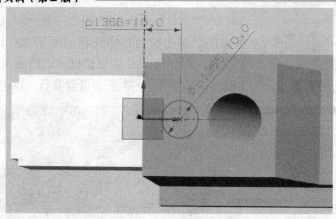

图 6-75 拉伸草绘

单击 按钮,弹出"求差"对话框,选图 6-75 创建的拉伸实体为工具体,分别选滑块和滑块型芯为目标体,按如图 6-76 所示设置参数,单击"确定"按钮。

图 6-76 求差参数

在"装配导航器"窗口右击,在弹出的快捷菜单中选择 WAVE 模式;右击"XKT_Slide_052.prt",在弹出的快捷菜单中选 WAVE → 新建级别,如图 6-77 所示,弹出"新建级别"对话框,如图 6-78 所示;单击 指定部件名 按钮,弹出图 6-79 所示的"选择部件名"对话框,输入"XKT_slide",单击"OK"按钮,系统重回"新建级别"对话框,单击 类选择 按钮,选取如图 6-75 创建的拉伸实体,单击两次"确定"按钮,在装配导航器中显示 XKT_Slide。

图 6-77 建立 WAVE 链接

项目6 下壳体产品模具设计

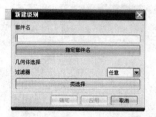

图 6-78 "新建级别"对话框

图 6-79 "选择部件名"对话框

单击 ，分别选如图 6-80 所示的滑块孔、拉伸实体边倒圆角 $R1$。

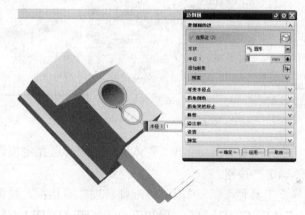

图 6-80 滑块部件倒圆角

8. 滑块组建腔

切换窗口至"XKT_top_000.prt",单击"注塑模向导"工具栏 ，弹出"腔体"对话框，如图 6-81 所示。按图 6-81 所示设置腔体参数，选择动模板为目标体，选择滑块组相关零件为工具体，单击"确定"按钮；选定模板为目标体，选择滑块组相关零件为工具体，单击"确定"按钮。

图 6-81 滑块组建腔参数

177

9. 添加浇注系统

单击"注塑模向导"工具栏 ，弹出"标准件管理"对话框，按图 6-82 所示选择定位圈，DIAMETER=120，其余参数尺寸不变，单击"确定"按钮，加载定位圈。

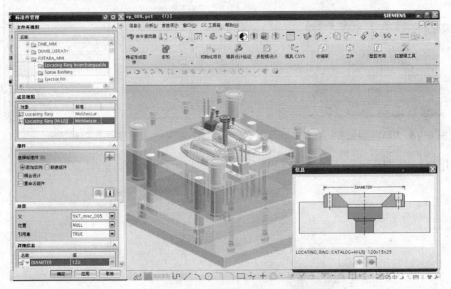

图 6-82 定位圈参数设置

单击"注塑模向导"工具栏 ，弹出"腔体"对话框，选择定模板为目标体，选择定位圈为工具体，单击"确定"按钮。

单击"注塑模向导"工具栏 ，弹出"标准件管理"对话框，按图 6-83 所示选择浇口套，设置 CATALOG_LENGTH1=115，TAPER=1.5，HEAD_DIA=35，其余参数尺寸不变，单击"确定"按钮，加载浇口套。

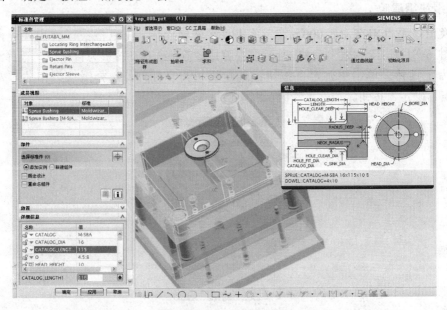

图 6-83 浇口套参数设置

项目6 下壳体产品模具设计

单击"注塑模向导"工具栏,弹出"腔体"对话框,选择定模板和型腔为目标体,选择浇口套为工具体,单击"确定"按钮。

单击"格式",在弹出的菜单中选择 WCS → 动态(D),选浇口套底部端点圆心,单击鼠标中键确定,将坐标系移动到模具中心。

单击"注塑模向导"工具栏,弹出"流道"对话框,如图 6-84 所示;单击按钮,按图 6-85 所示"创建草图"对话框设置参数,单击"确定"按钮,绘制如图 6-86 所示直线;单击 完成草图 按钮,返回"流道"对话框;按图 6-87 所示设置流道创建参数,选择型芯为布尔求差目标体,单击"确定"按钮,完成流道创建,如图 6-88 所示。

图 6-84 "流道"对话框

图 6-85 "创建草图"对话框

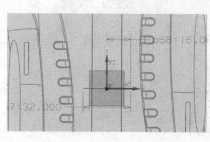

图 6-86 流道设计草绘

图 6-87 流道设计参数

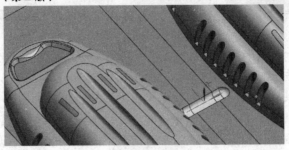

图 6-88 流道

单击"注塑模向导"工具栏 ，弹出"浇口设计"对话框，设置 W=10、W1=10、H=0.8、H1=0.8、B=10，其余参数不变，如图 6-89 所示。单击"应用"按钮，选择流道圆心为浇口放置点，弹出"矢量"对话框，设置矢量方向为 XC，如图 6-90 所示；单击"确定"按钮、"取消"按钮，完成浇口创建，如图 6-91 所示。

图 6-89 浇口设计参数

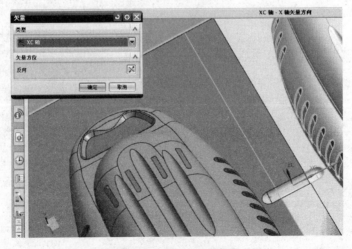

图 6-90 浇口设计矢量

项目6 下壳体产品模具设计

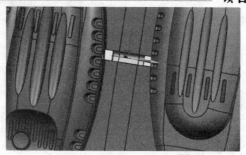

图 6-91 浇口

单击"注塑模向导"工具栏 腔体 ，弹出"腔体"对话框，选择型腔为目标体，选择浇口为工具体，单击"确定"按钮。

10. 添加顶杆

单击"注塑模向导"工具栏 ，弹出"标准件管理"对话框，按图 6-92 所示选择顶杆，设置 CATALOG_LENGTH=245，CATALOG_DIA=5.0，HEAD_TYPE=4，其他参数不变，单击"确定"按钮弹出"点"对话框，如图 6-93 所示。依次输入顶杆坐标（-110，-80），确定；（-75，-55），确定；（-75，-105），确定；（-35，-45），确定；（-35，-115），确定；（-35，65），确定；（-35，95），确定；（3，-40），确定；（3，-120），确定；（38，-40），确定；（38，-120），确定；（60，-67），确定；（60，-93），确定；（86，-44），确定；（86，-116），确定；（105，-60），确定；（105，-78），确定；（105，-100），确定，单击"取消"按钮返回顶杆对话框，单击"取消"按钮完成顶杆设计。

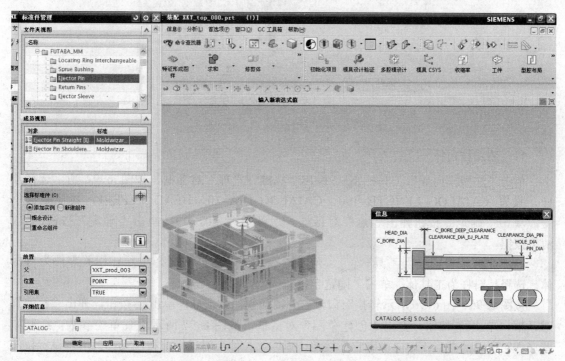

图 6-92 顶杆设计参数

181

模具设计与制造综合实训（第2版）

图 6-93 顶杆位置点

单击"注塑模向导"工具栏 ![腔体]，弹出"腔体"对话框，选择与顶杆相关零件为目标体，选择顶杆为工具体，单击"确定"按钮。

单击"注塑模向导"工具栏 ![图标]，系统弹出"顶杆后处理"对话框，如图 6-94 所示。选取所有顶杆，默认顶杆后处理器设置，单击"确定"按钮。

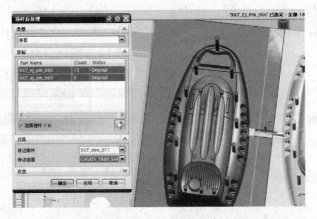

图 6-94 "顶杆后处理"对话框

11．添加拉料杆

单击"注塑模向导"工具栏 ![图标]，弹出"标准件管理"对话框，按图 6-92 所示选择顶杆，设置 CATALOG_LENGTH=190，CATALOG_DIA=10，HEAD_TYPE=1，其他参数不变，单击"确定"按钮弹出"点"对话框。顶杆坐标（0，0），单击"确定"按钮、"取消"按钮。

单击"注塑模向导"工具栏 ![腔体]，弹出"腔体"对话框，选择与顶杆相关零件为目标体，选择拉料杆为工具体，单击"确定"按钮。

按图 6-95、图 6-96 所示转换窗口，打开前面创建的顶杆，单击 ![图标] 按钮，弹出"拉伸"对话框，单击 ![图标] 按钮，弹出"创建草图"对话框，按图 6-97 所示设置草绘参数，绘制如图 6-98 所示的图形，单击"确定"按钮，返回"拉伸"对话框，按图 6-99 所示设置拉伸参数，单击"确定"按钮，完成的拉料杆如图 6-100 所示。

项目6　下壳体产品模具设计

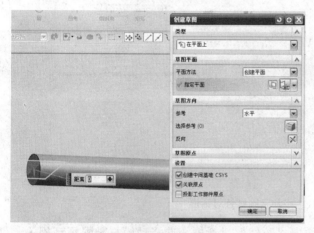

图 6-95　"窗口"对话框　　　　　图 6-96　打开顶杆

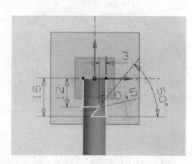

图 6-97　草绘平面设置　　　　　图 6-98　拉料杆修改草绘

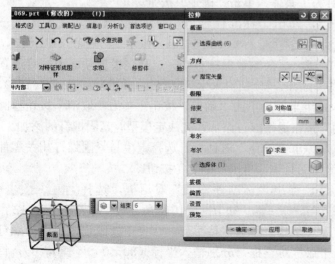

图 6-99　拉伸参数　　　　　图 6-100　拉料杆

183

模具设计与制造综合实训（第2版）

12. 添加紧固螺钉

转换窗口至"XKT_top_000.prt"，单击"注塑模向导"工具栏 ，弹出"标准件管理"对话框，选择 DME_MM → Screws → SHCS [Auto] Moldwizar... ，如图 6-101 所示。设置 SIZE=12，ORIGIN_TYPE=1，PLATE_HEIGHT=80，其余参数保持不变。选择动模套板底面为螺钉放置面，单击"应用"按钮，弹出"点"对话框，分别输入坐标（110，-120），确定；（-110，-120），确定；（110，-40），确定；（-110，-40），确定，单击"取消"按钮返回"标准件管理"对话框，单击"取消"按钮退出螺钉添加，完成动模型芯紧固螺钉的添加。

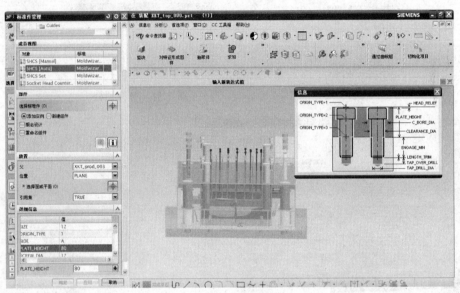

图 6-101 添加紧固螺钉对话框

单击"注塑模向导"工具栏 ，弹出"腔体"对话框，选择动模与紧固螺钉相关零件为目标体，选择前面创建的紧固螺钉为工具体，单击"确定"按钮。

单击"注塑模向导"工具栏 ，弹出"标准件管理"对话框，选择 DME_MM → Screws → SHCS [Auto] Moldwizar... ，如图 6-101 所示。设置 SIZE=12，ORIGIN_TYPE=1，PLATE_HEIGHT=35，其余参数保持不变。选择定模板顶面为螺钉放置面，单击"应用"按钮，弹出"点"对话框，分别输入坐标（110，-120），（-110，-120），（110，-40），（-110，-40），每输入一组坐标后单击"确定"按钮。单击"取消"按钮返回"标准件管理"对话框，单击"取消"按钮退出螺钉添加，完成定模型腔紧固螺钉的添加。

单击"注塑模向导"工具栏 ，弹出"腔体"对话框，选择定模与紧固螺钉相关零件为目标体，选择前面创建的紧固螺钉为工具体，单击"确定"按钮。

单击"注塑模向导"工具栏 ，弹出"标准件管理"对话框，选择 DME_MM → Screws → SHCS [Auto] Moldwizar... ，如图 6-101 所示。设置 SIZE=12，ORIGIN_TYPE=1，PLATE_HEIGHT=30，其余参数保持不变。选择顶杆固定板底面为螺钉放置面，单击"应用"按钮，弹出"点"对话框，分别输入坐标（80，0），（-80，0），每输入一组坐标后单击"确定"按钮。单击"取消"按钮返回"标准件管理"对话框，单击

"取消"按钮退出螺钉添加,完成紧固螺钉的添加。

单击"注塑模向导"工具栏,弹出"腔体"对话框,选择顶杆板和顶杆固定板为目标体,选择前面创建的紧固螺钉为工具体,单击"确定"按钮。

13. 添加吊环螺钉

单击"注塑模向导"工具栏,弹出"标准件管理"对话框,选择 FUTABA_MM → Screws → Eye Bolts [M-IBM] Moldwizar...,如图6-102所示,选择 SCREW_DIA=20,其余参数不变。选择动模套板侧面为螺钉放置面,放置坐标均为(0,0),单击"应用"按钮。单击"取消"按钮返回"标准件管理"对话框。选 添加实例,选择动模套板另一侧面为螺钉放置面,放置坐标均为(0,0),单击"应用"按钮。单击"取消"按钮返回"标准件管理"对话框。用同样的方法添加吊环螺钉到定模套板侧面,如图6-103所示。

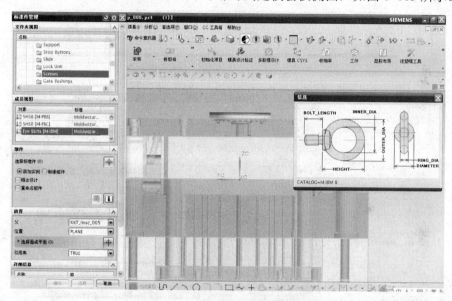

图6-102 添加吊环螺钉对话框

图6-103 吊环螺钉

单击"注塑模向导"工具栏,弹出"腔体"对话框,选择动模套板与定模套板为目标体,选择前面创建的吊环螺钉为工具体,单击"确定"按钮。

任务6-3 添加模具冷却系统

1. 型腔进出冷却道添加

单击"注塑模向导"工具栏,弹出"模具冷却工具",如图6-104所示。单击图标,弹出"冷却组件设计"对话框和"信息"栏,如图6-105所示。选

,设置PIPE_THREAD=1/8,HOLE_1_DEPTH=260,HOLE_2_DEPTH=260,其余参数不变。选如图6-106所示的模具型腔端面,单击"应用"按钮弹出"点"对话框(如图6-106所示),输入坐标(55,-5),确定,(-55,-5),确定,单击"取消"按钮返回"冷却组件设计"对话框。

图6-104 模具冷却工具

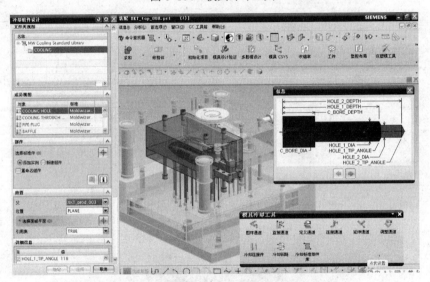

图6-105 "冷却组件设计"对话框和"信息"栏

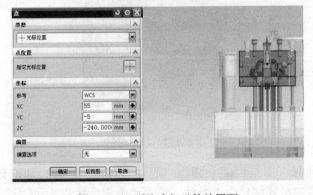

图6-106 型腔冷却元件放置面

项目6 下壳体产品模具设计

2. 型腔冷却管接头添加

在"冷却组件设计"对话框中选 CONNECTOR PLUG Moldwizar...，如图 6-107 所示。设置 PIPE_THREAD=1/4，HEX_LENGTH=10，LENGTH=135，其余参数不变，单击"确定"按钮完成冷却管接头加载，单击"取消"按钮返回。

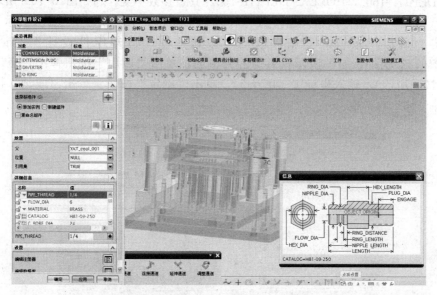

图 6-107 管接头设置对话框

3. 型芯进出冷却道添加

选 COOLING → COOLING HOLE Moldwizar...，设置 PIPE_THREAD=1/8，HOLE_1_DEPTH=290，HOLE_2_DEPTH=290，其余参数不变。选如图 6-108 所示模具型芯端面，单击"应用"按钮弹出"点"对话框（如图 6-108 所示），输入坐标（65，-5），确定，（-65，-5），确定，单击"取消"按钮返回"冷却组件设计"对话框。

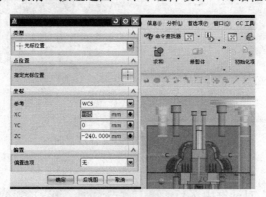

图 6-108 型芯冷却元件放置面

4. 型芯冷却管接头添加

在"冷却组件设计"对话框中选 CONNECTOR PLUG Moldwizar...，如图 6-107 所示。设置 PIPE_THREAD=1/4，HEX_LENGTH=10，LENGTH=135，其余参数不变，单击

"确定"按钮完成冷却管接头加载。

5．连接进出冷却通道管路添加

选 COOLING → COOLING HOLE | Moldwizar...，设置 PIPE_THREAD=1/8，HOLE_1_DEPTH=160，HOLE_2_DEPTH=160，其余参数不变。选如图 6-109 所示模具型芯外侧面，单击"应用"按钮弹出"点"对话框（如图 6-109 所示），输入坐标（-130，0），单击"确定"按钮。单击"取消"按钮返回"冷却组件设计"对话框。选 添加实例，选如图 6-110 所示模具型腔外侧面，单击"应用"按钮弹出"点"对话框（如图 6-107 所示），输入坐标（-90，-5），单击"确定"按钮。单击"取消"按钮返回"冷却组件设计"对话框。

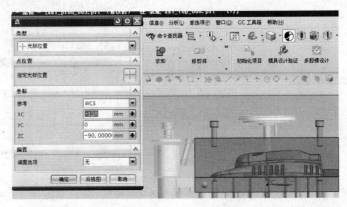

图 6-109　型芯冷却元件放置面

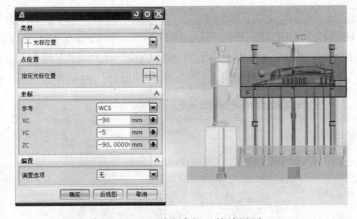

图 6-110　型腔冷却元件放置面

6．添加丝堵

在"冷却组件设计"对话框中选 PIPE PLUG | Moldwizar...，如图 6-111 所示。设置 PIPE_THREAD=1/4，其余参数不变，单击"确定"按钮完成冷却丝堵加载。

7．冷却系统建腔

单击"注塑模向导"工具栏 ，弹出"腔体"对话框，选择型腔与型芯为目标体，选择前面创建的水孔、丝堵、管接头为工具体，单击"确定"按钮。

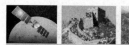

项目6 下壳体产品模具设计

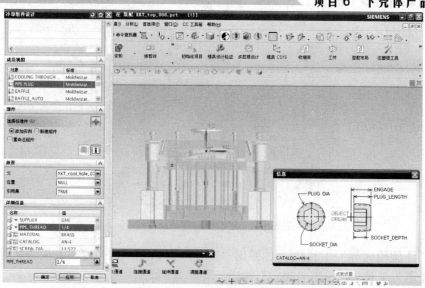

图 6-111 丝堵设置对话框

8. 定模板管接头过孔创建

单击"注塑模向导"工具栏 ，弹出"模具冷却工具"，单击 按钮，弹出"图样通道"对话框，如图 6-112 所示。设置通道直径为 16，单击 按钮，弹出"创建草图"对话框，按图 6-113 所示设置草绘参数，单击"确定"按钮进入草绘界面，绘制如图 6-114 所示的草绘图形。单击 完成草图 按钮返回"图样通道"对话框，单击"确定"按钮完成定模套板冷却水道的创建。

图 6-112 "图样通道"对话框

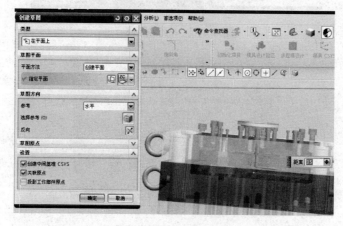

图 6-113 草绘对话框

189

模具设计与制造综合实训（第2版）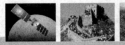

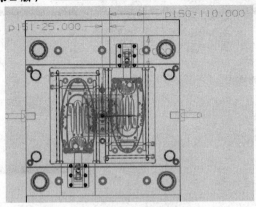

图 6-114　定模板图样通道草绘

单击"注塑模向导"工具栏 ![腔体]，弹出"腔体"对话框，选择定模套板为目标体，选择前面图样通道为工具体，单击"确定"按钮。

9. 动模板管接头过孔创建

单击 ![图样通道] 按钮，弹出"图样通道"对话框，如图 6-112 所示设置通道直径为 16，单击 ![] 按钮，弹出"创建草图"对话框，按图 6-115 所示设置草绘参数，单击"确定"按钮进入草绘界面，绘制如图 6-116 所示的草绘图形。单击 ![完成草图] 按钮返回"图样通道"对话框，单击"确定"按钮完成动模套板冷却水道的创建。

图 6-115　草绘对话框

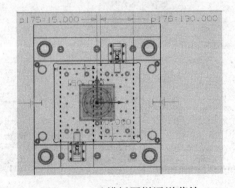

图 6-116　动模板图样通道草绘

10. 图样通道建腔

单击"注塑模向导"工具栏 腔体 ，弹出"腔体"对话框，选择动模套板为目标体，选择前面图样通道为工具体，单击"确定"按钮。

单击 按钮，下壳体模具如图6-117所示。

图6-117　下壳体模具

思考与练习题6

1. 如图6-118所示为收音机外壳零件，材料为ABS，完成产品造型和注塑模设计。

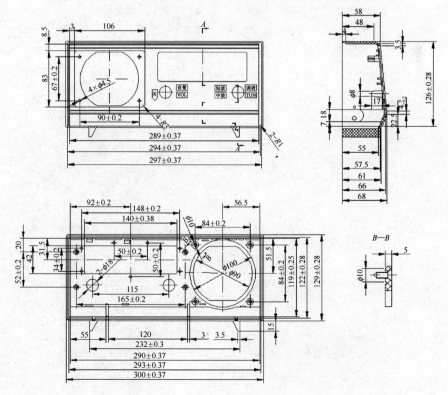

图6-118　收音机外壳零件

2. 如图 6-119 所示为抽样管零件，完成产品造型和注塑模设计。

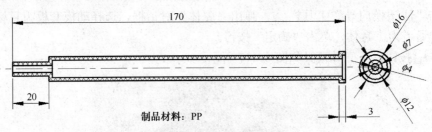

图 6-119　抽样管零件

3. 模具坐标系的放置有什么要求？有哪几种创建方法？
4. 塑件的补片方法有哪几种？手动补片的方法有哪些？
5. 分型面的创建有哪些方式？
6. 在设计顶杆推出时，顶杆位置应考虑哪些因素？
7. 注塑模的浇注系统由哪几部分组成？各起什么作用？
8. 模具冷却水路设计时应注意哪些问题？

项目 7

防尘罩曲面凸模的数控加工

教学导航

教	知识重点	UG 软件自动编程方法
	知识难点	编制合理的数控加工工艺路线
	推荐教学方式	软件演示与理论教学相结合
	建议学时	12~16 学时
学	推荐学习方法	学做合一
	必须掌握的理论知识	UG NX 8.0 产品三维设计的基本理论
做	必须掌握的技能	能熟练生成曲面区域的刀具轨迹并生成加工程序

模具设计与制造综合实训（第2版）

任务 7-1　防尘罩曲面凸模加工自动编程

制动器防尘罩曲面凸模零件如图 7-1 所示，材料为 Cr12MoV，单件生产，热处理硬度为 HRC59～61。

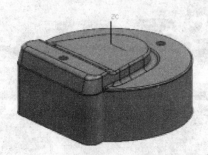

图 7-1　制动器防尘罩曲面凸模零件

1. 打开防尘罩拉深模具凸模模型"LSAM.prt"，进入建模环境

选择拉伸命令，如图 7-2 所示，选择底面边缘的曲线作为拉伸截面，限制高度为模型的高度，没有布尔运算，这样就做了一个简单的毛坯为编程做准备，如图 7-3 所示。

2. 加工初始化

单击主菜单中的"开始"→"加工"命令，将弹出如图 7-4 所示的对话框。选择一个要创建的 CAM 设置——mill_contour，单击对话框中的"确定"按钮将进入加工环境。

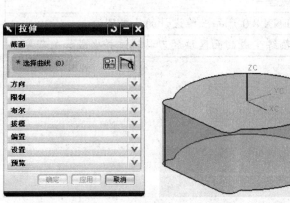

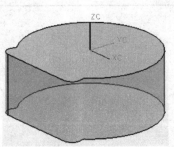

图 7-2　拉伸　　　　　图 7-3　毛坯　　　　　图 7-4　初始化

3. 设置加工坐标系和创建 WORKPIECE

展开操作导航器，选择几何视图，双击 MCS_MILL，将弹出 Mill_Orient，如图 7-5 所示，设置安全距离为 50，再选择 CSYS 将进入 CSYS 构造器，如图 7-6 所示，将参考 CSYS 设置为 WCS，这样就将加工坐标系的工作坐标系重合，完成了加工坐标系的设定。

项目 7　防尘罩曲面凸模的数控加工

图 7-5　机床坐标系　　　　　图 7-6　工件坐标系

单击操作导航器 MCS_MILL 前边的+号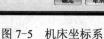，展开选项就可以看见 WORKPIECE 按钮，双击 WORKPIECE 按钮，进入"铣削几何体"对话框，如图 7-7 所示。单击按钮选择或编辑部件几何体，将会弹出部件"几何体"对话框，并提示选择"部件几何体"，选择防尘罩拉深模具凹模实体模型，再单击选择或编辑毛坯几何体按钮，将弹出"毛坯几何体"对话框，如图 7-8 所示。将选择选项设置为"几何体"，并且选择在建模中做好的毛坯，这样就设置了一个包容几何体的特殊形状的毛坯，这样的毛坯和实际加工的毛坯相吻合。

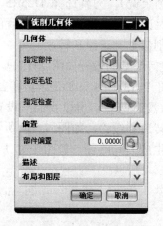

图 7-7　几何体选择　　　　　图 7-8　毛坯设置

由于没有检查几何体，不选择检查几何体，这样 WORKPIECE 全部设置完成。WORKPIECE 的建立，可以继承毛坯，适合做二次开粗的程序，同时也为仿真做好了准备。

4. 创建刀具

单击创建刀具组图标，将弹出"创建刀具"对话框，如图 7-9 所示。刀具子类型选择 mill，名称填写 D25R5，确定就进入铣刀参数对话框，参数设置如图 7-10 所示，单击确定完成 D25R5 刀具的创建。

5. 创建操作

1）工步 1　粗加工整个曲面

选择的加工方法：剩余铣 REST_MILLING

模具设计与制造综合实训（第2版）

选择的刀具：D25R5 可转位面铣刀

切削用量：主轴转速 2000r/min，进给速度 2000mm/min

图 7-9 "创建刀具"对话框

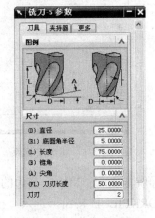

图 7-10 刀具参数确定

如上所述创建刀具 D10R1、D4R2、D4R1，为以后编程做好准备。

单击创建操作按钮，将弹出"创建操作"对话框，如图 7-11 所示，类型选择 mill_contour，操作子类型选择 REST_MILLING（剩余铣），刀具选择 D25R5，几何体选择 WORKPIECE。单击"确定"按钮进入"剩余铣"对话框，只需修改刀轨设置的切削模式、平面直径百分比、全局每刀深度、切削参数、非切削参数、进给和转速。

其中切削模式、平面直径百分比、全局每刀深度等参数的设置如图 7-12 所示。切削参数主要设置一些切削方向、切削顺序、图样方向，如图 7-13 所示，加工余量和公差如图 7-14 所示，非切削移动主要设置进刀的方法，由于零件没有凹腔，所以我们只设置开放区域的进刀类型，如图 7-15 所示。最后只要设置主轴的转速和进给，如图 7-16 所示，就完成了该操作的参数设置，单击操作选项的生成按钮可以生成刀具路径，如图 7-17 所示。

图 7-11 类型选择

图 7-12 刀轨设置

项目7　防尘罩曲面凸模的数控加工

图7-13　切削策略

图7-14　确定切削余量

图7-15　进刀类型

图7-16　确定进给和速度

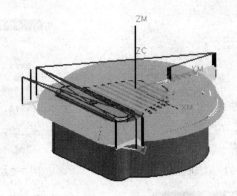

图7-17　刀具路径图

2）工步2　精加工平面

选择的加工方法：面铣削区域 FACE_MILLING_AREA

选择的刀具：D25R5 可转位面铣刀

切削用量：主轴转速 2500r/min，进给速度 600mm/min

由于要精铣削的是 3 个平面，所以选择 FACE_MILLING_AREA（面铣削区域）操作方法。面铣削区域的最大的功能就是精加工平面，选择简单操作快捷，计算速度快，还有过切检查功能。刀具选择 D25R5，几何体选择 WORKPIECE，如图 7-18 所示。

进入面铣削区域操作对话框，只需选择指定切削区域、切削模式、平面直径百分比、切削参数的策略和余量、进给和速度少数的参数就可以。指定切削区域，单击 进入切削区域选择对话框，只选择要精加工的凸台表面即可，如图 7-19、图 7-20 所示。

图 7-18　类型选择

图 7-19　选择几何体

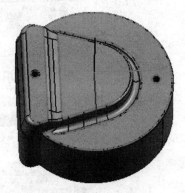
图 7-20　加工面选择

刀轨设置如图 7-21 所示，切削模式选择为"跟随周边"，平面直径百分比设置为"25"。由于是精加工，很重要的切削参数是切削余量和公差，设置如图 7-22 所示。进给和速度设置如图 7-23 所示。由于要精加工的表面上有岛，切削参数的策略只需要选择岛清理选项就可以，由于是精加工，很简单的参数设置之后可以完成刀具路径的计算，刀具路径如图 7-24 所示。

图 7-21　刀轨设置

图 7-22　设定余量

图 7-23　确定进给和速度

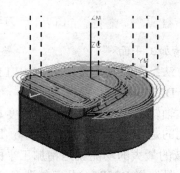
图 7-24　刀具路径

项目 7　防尘罩曲面凸模的数控加工

3）工步 3　曲面圆角的二次开粗

选择的加工方法：剩余铣 REST_MILLING

选择的刀具：D4R1 整体合金牛鼻刀立铣刀

切削用量：主轴转速 2200r/min，进给速度 500mm/min

由于该模型有一个凹槽，D25R5 的刀具无法加工到该区域，需要有一个二次开粗的程序，凹槽的区域很小，选择 D4R1 的刀具，又因为是二次开粗，需要继承上次的毛坯，只需要复制粗加工的程序，修改参数即可，如图 7-25、图 7-26 所示。

图 7-25　复制

图 7-26　粘贴

粘贴之后，双击程序图标修改参数，首先要修改刀具，将刀具设置为 D4R1。将刀具修改之后，相应地需要修改刀轨设置，如图 7-27 所示。

由于粗加工切削的区域是开放的，而二次开粗的切削区域是封闭的，还需要设置封闭区域的进刀类型，如图 7-28 所示。

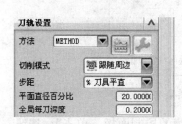
图 7-27　刀轨设置

图 7-28　进刀类型

也需要设置主轴转速的进给速度，如图 7-29 所示。完成上述的设置后，可以计算刀具路径，显示刀具轨迹如图 7-30 所示。

图 7-29　确定进给速度

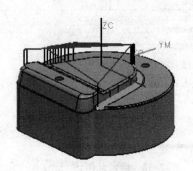
图 7-30　刀具轨迹

4）工步4　精加工侧壁

选择的加工方法：深度加工轮廓 ZLEVEL_PROFILE

选择的刀具：D10R1 整体合金牛鼻刀立铣刀

切削用量：主轴转速 2500r/min，进给速度 600mm/min

由于侧壁属于陡峭区域，所以选择 mill_contour 中的 ZLEVEL_PROFILE（深度加工轮廓）。深度加工轮廓特别适合于陡峭区域的精加工，刀具选择 D10R1，几何体选择 WORKPIECE，如图 7-31 所示。

图 7-31　类型选择

设置完成之后单击确定将进入深度加工轮廓的控制面板，单击按钮，进入选择切削区域对话框，如图 7-32 所示，提示选择要加工的表面，选择要精加工的表面，如图 7-33 所示的红色表面为加工对象。

图 7-32　确定几何体

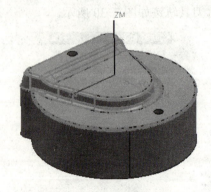

图 7-33　选择切削面

单击 将进入切削层设置面板,将切削层设置为最优化,局部每刀深度设为 0.02,如图 7-34 所示。切削余量设置如图 7-35 所示。

图 7-34 切削层设置

图 7-35 切削余量设置

切削参数的连接设置如图 7-36 所示。切削参数的策略里切削方向在一般的加工方法中都只有顺铣和逆铣,而在深度加工轮廓有混合铣选项,为了减少抬刀次数,将切削方向设置为"混合",如图 7-37 所示。

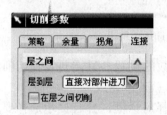

图 7-36 切削参数的连接设置

图 7-37 混合铣削选择

最后设置转速和进给速度,如图 7-38 所示,可以看出深度加工轮廓的设置参数很少,并且切削时以等高的形式来切削,安全可靠。完成上述的设置后,可以计算刀具路径,显示刀具轨迹,如图 7-39 所示。

图 7-38 确定进给和速度

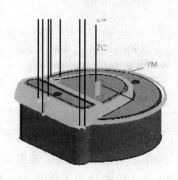

图 7-39 刀具轨迹

5) 工步 5 精加工曲面圆角

选择的加工方法：区域铣削 AREA_MILLING

选择的刀具：D4R2 球头刀

切削用量：主轴转速 2500r/min，进给速度 600mm/min

精加工凹槽，区域很小，根据切削区域选择了刀具 D4R2，同样几何体也选择 WORKPIECE，加工方法选择最直接、最有效的加工方法：区域铣削，如图 7-40 所示，该方法通过指定铣削区域来有效地加工指定的切削区域。

图 7-40 类型选择

单击确定将进入轮廓区域操作面板，进行参数的设置，只需要设置切削区域、驱动方法、切削参数的余量和转速进给等一些很少的参数就可以完成。

切削区域的设定，单击 进入到切削区域选择对话框，并且提示选择要加工的面，如图 7-41 所示，选择要加工的表面如图 7-42 所示。

图 7-41 确定几何体

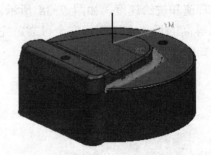

图 7-42 选择切削面

在驱动方法下单击 ，将进入区域铣削驱动方法的修改界面，设置切削模式为"跟随周边"，图样方向为"向内"，切削方向为"顺铣"，步距为"恒定"，距离为"0.02"，设置参数如图 7-43 所示。精加工刀路必须要设置切削参数的余量，将所有的加工余量都设为0，公差设为 0.005，这样做是为了保证加工精度，如图 7-44 所示。

项目 7 防尘罩曲面凸模的数控加工

图 7-43 切削模式选择

图 7-44 确定切削余量

由于刀具特别小，有必要添加多条刀具路径，如图 7-45、图 7-46 所示。

图 7-45 添加多条刀路

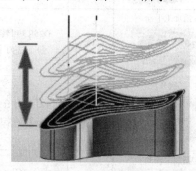

图 7-46 刀路图

转速和进给的设置如图 7-47 所示。完成上述的设置后，可以计算刀具路径，显示刀具轨迹，如图 7-48 所示。

图 7-47 确定进给和速度

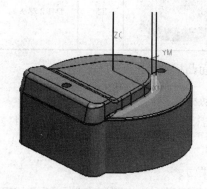

图 7-48 刀路轨迹

任务 7-2 曲面凸模零件数控加工

1. 曲面凸模数控加工工艺参数确定

曲面凸模数控加工工序卡如表 7-1 所示。

模具设计与制造综合实训（第2版）

表 7-1 工序卡

数控加工工序卡			产品名称或代号		零件名称		
					制动器防尘罩拉延凸模		
单位名称			夹具名称		使用设备		
			（三爪卡盘）平口钳		加工中心 VDI-600A		
序号	工步内容（按加工表面划分，红色区域为加工区域）	刀具号	刀具规格	主轴转速 N (r/min)	进给速度 F (mm/min)	余量 (mm)	层高 (mm)
1	粗加工整个曲面	T1	D25R5 可转位面铣刀	2000	2000	底面和侧面 0.5mm	0.5
2	精加工平面 	T1	D25R5 可转位面铣刀	2500	600	底面余量 0，侧面 0.3	
3	二次开粗	T3	D4R1 整体合金牛鼻刀立铣刀	2200	500		
4	精加工侧面	T4	D10R1 整体合金牛鼻刀立铣刀	2500	600	底面和侧面 0	
5	清角	T5	D4R2 球头刀	2200	500	所有面均为 0	

2．曲面凸模数控加工过程

1）启动机床

合上机床侧壁上的主电源开关，当 CRT 显示屏上出现 X、Y、Z 坐标后打开急停开关，使系统复位。

2）机床回零

按下操作面板上的"回原点"按钮，使机床处于回原点模式；使 Z 轴回参考点；按+X 键，使 X 轴回参考点；按+Y 键，使 Y 轴回参考点；按+A 键，使 A 轴回参考点；需要说明的是，回零需要先回 Z 轴，之后可以同时操作 X、Y、A 轴。

3）工件的装夹找正

该零件采用平口钳装夹。

装夹工件。由于毛坯不规则，不能直接使用平口钳装夹，设计并制作与圆柱面配合的简单夹具后用平口钳装夹。根据工件的高度情况，在平口钳钳口内放入比工件窄的垫铁，

项目7 防尘罩曲面凸模的数控加工

然后放入工件与夹具,夹宽度方向,用弹性榔头敲击工件的上表面。装夹方案如图7-49所示。

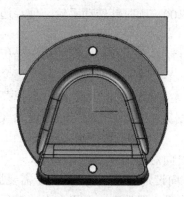

图7-49 装夹方案

找正工件。装上磁性表座,使表头与工件上表面接触,移动 X、Y 轴,观察指针晃动情况,查看工件顶面的平面精度。最后彻底夹紧钳口,取下磁性表座,必要时取出工件下的垫铁,工件装夹完毕。

4) 装刀

本次加工用到3类刀具:可转位面铣刀、整体立铣刀、球刀。

可转位面铣刀的安装:对于刀柄与刀盘分开的可转位端铣刀刀柄,先安装刀盘,使铣刀盘的缺口正对刀柄的端面键,定位后用专用扳手旋紧螺母;然后安装刀片,取出梅花扳手用其松开螺钉,装上刀片,注意刀片位置放正,靠紧定位面,紧上螺钉。

整体立铣刀的安装:先将拉钉安装在刀柄上;根据刀具直径尺寸选择相应的卡簧;将卡簧压入锁紧螺母;把卡簧装入刀柄中;将刀柄放入卸刀座并卡紧;根据加工深度控制铣刀伸出长度,必要时用游标卡尺测量;用钩形扳手顺时针锁紧螺母。

球刀的安装:先将拉钉安装在刀柄上;根据刀具直径尺寸选择相应的卡簧;将卡簧压入锁紧螺母;把卡簧装入刀柄中;将刀柄放入卸刀座并卡紧;根据加工深度控制铣刀伸出长度,必要时用游标卡尺测量;用钩形扳手顺时针锁紧螺母。

5) 对刀

本次加工中需要4把刀具,加工前要将全部刀具完成对刀。我们常常使用的方法是先对标准刀具,本次加工中选用第一把刀为标刀,其他刀具的只对 Z 方向就行。

(1) 标刀对刀。首先对 X 向,具体操作步骤如下:

将机械寻边器安装到主轴上;调整主轴的转速倍率为100%;在 MDI 运行方式下,输入程序代码"M03 S450",按"循环启动"运行;适当选择倍率和 X、Y 或 Z 轴,摇动手轮使机械式寻边器无碰撞地移动到工件的上表面以下5~10 mm,转动主轴。

手轮选择 X 轴,顺时针摇动手轮使刀具靠近工件左面,快接近工件侧面时,抓住手轮大盘操作,当机械式寻边器与工件侧面间的间隙较小时,倍率选择1,顺时针摇手轮大盘单刻度进给,使寻边器逐渐靠近工件侧面,认真观察寻边器的状态,寻边器从偏心—不偏心—偏心状态的转换过程,当从不偏心到偏心的临界点就认为是寻边器的标准位置和工件

205

相接触。

显示机床实际坐标,将机床坐标系下的 X 坐标记为 X_1。

手轮选择 Z 轴,倍率选择 100,顺时针转动手轮,使寻边器上升至工件上面。需要将 X 坐标的值归零。

按照对毛坯左面的办法对毛坯右面,获得右面的机床坐标系下的 X 坐标记为 X_2。

计算编程原点的 X 向坐标:$X=(X_1+X_2)/2$。

当 CRT 显示器菜单区处于主菜单时,按软键 F4,选择菜单命令"MDI F4",菜单区变为 MDI 参数设置子菜单;根据菜单条,按软键 F3,进入 G54 自动坐标系设置界面,在 MDI 输入区输入 X 值。

(2)按照相同的方法实现 Y 向对刀。

(3)Z 向对刀。Z 向采用 Z 向设定器对刀,对第一个需要加工的刀具,也就是 T1 刀具,先将设定器对零。方法为:先将设定器放在一个平面上,然后把一个标准的量杆放到设定器上面,压下,指针在变化,当表针不动的时候将表环对零,使指针指向零,对零结束。

使用 Z 向设定器对刀。将 Z 向设定器吸附在工件上,移动刀具,使刀具压在 Z 向设定器上,当表针指向零时,所对应的 Z 坐标就是对刀零点,并将该值写到 G54 中。

对第一个需要加工的刀具,也就是 T1 刀具,用手轮摇动 Z 轴,使刀刃压紧 Z 向设定器,当设定器的表环指向零,此时的 Z 向坐标就是 Z 向零点,将 Z 向坐标输入到 G54 中,标刀对刀完成。

其他刀具对刀在 MDI 运行模式下,输入程序代码"G54",按操作面板上的"循环启动"按钮,此时就建立了加工的坐标系,将第二把刀安到了铣头上,使用 Z 向设定器对刀对第二把刀的 Z 向,由于程序中使用 G43 指令,此时工件坐标系的 Z 值就是相对第一把刀的长度补偿值,将该值记为 H_2,填入对应刀具表中的长度补偿值。

其他刀具按照以上步骤完成对刀。

6)将刀具装入刀库

根据加工程序确定每把刀具的刀具号;每把刀完成对刀操作后,手动输入并执行换刀指令,将对好的刀放到刀库;手动将要对的刀装入主轴;按照以上步骤依次放入刀库。

7)导入外部程序

在加工之前先要将用 UG 生成的程序导入到系统中。操作步骤如下:

按下机床的急停按键;

按下"DNC 通信"传输按键,机床的 CRT 屏幕上显示:"串口通信将退出系统,继续吗(Y/N)?"选择 Y 按键将进入等待状态;

在计算机上启动计算机上的传输软件,按"打开"按钮确认,则数控程序被导入到数控机床中;

在数控机床上按 X 键将退出 DNC 通信,在选择程序的列表中就可以找到刚传输进去的程序,选择之后将显示在 CRT 界面。

8)程序校验

将导入的程序依次进行校验。操作步骤如下:移动刀具顶端离开工件顶面 50 mm 左右。按

Z轴锁紧键,选择程序,再选择"程序校验"按钮,按下操作面板上的"自动运行"按钮,使机床进入自动加工模式。按"循环启动"按钮,将进入程序校验过程,同时可以切换窗口的显示,显示坐标、图形等。

9)自动加工

按操作面板上的"自动运行"按钮,使机床进入自动运行模式;按操作面板上的"循环启动"按钮,程序开始执行。

思考与操作题 7

1. 凸凹模板零件如图 7-50 所示,材料为 45 钢,完成产品造型和数控加工自动编程。

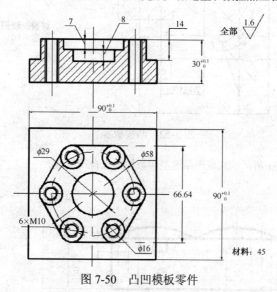

图 7-50 凸凹模板零件

2. 凹模板零件如图 7-51 所示,完成产品造型和数控加工自动编程。

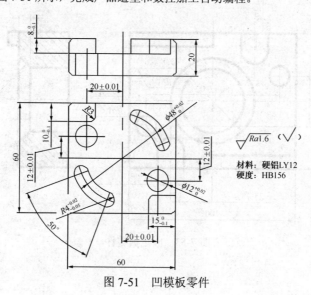

图 7-51 凹模板零件

3. 凸模板零件如图 7-52 所示，完成产品造型和数控加工自动编程。

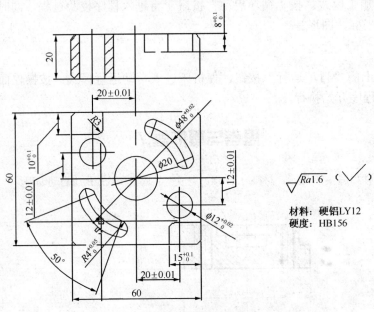

图 7-52　凸模板零件

4. 固定模零件如图 7-53 所示，完成产品造型和数控加工自动编程。

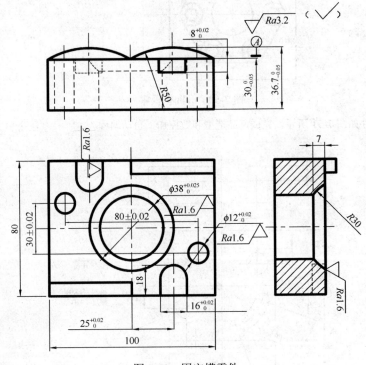

图 7-53　固定模零件